宁夏沿黄城市带回族新型住区
空间布局适宜性研究

李晓玲 著

GD 01898358

中国建筑工业出版社

图书在版编目（CIP）数据

宁夏沿黄城市带回族新型住区空间布局适宜性研究／李
晓玲著 . — 北京：中国建筑工业出版社，2013.10
ISBN 978-7-112-15874-4

Ⅰ . ①宁…　Ⅱ . ①李…　Ⅲ . ①回族－住宅区规划－区
域布局－适宜性评价－宁夏　Ⅳ . ① TU984.12

中国版本图书馆 CIP 数据核字（2013）第 221096 号

本书通过对宁夏回族住区空间布局的全面调查研究，挖掘宁夏回族传统住
区的建造经验模式，同时考虑当前生态文明的发展要求，探索适合城乡统筹背
景下、快速城镇化时期宁夏沿黄城市带回族新型住区的空间布局适宜性，以期
作为宁夏沿黄城市带回族住区规划建设的指导依据。

本书主要内容为：绪论、住区规划实践相关研究及启示、宁夏回族住区的
历史演变、典型回族住区空间布局现状特征分析、驱动因素分析及回族新型住
区空间布局适宜性模式引导框架、聚居区空间布局适宜性模式探索、院落空间
布局适宜性模式探索、结论与展望。

本书可供城乡规划的管理人员、研究人员、教师、学生等参考。

责任编辑：吉万旺　聂　伟
责任设计：张　虹
责任校对：关　健　刘　钰

宁夏沿黄城市带回族新型住区空间布局适宜性研究

李晓玲　著

*

中国建筑工业出版社出版、发行（北京西郊百万庄）
各地新华书店、建筑书店经销
北京京点设计公司制版
廊坊市海涛印刷有限公司印刷

*

开本：787×1092 毫米　1/16　印张：10　字数：250 千字
2014 年 5 月第一版　2014 年 5 月第一次印刷
定价：25.00 元
ISBN 978-7-112-15874-4
（24648）

版权所有　翻印必究
如有印装质量问题，可寄本社退换
（邮政编码　100037）

序　言

　　宁夏是我国回族的重要聚居地,也是我国唯一的省级回族自治区。千百年来,从"灵州回回"到"三边两梢一山"的分布格局,无不蕴涵着回族艰苦创业、自强不息的奋斗精神,无不镌刻着团结、包容、奋进的伊斯兰文化印记。而回族聚居区、回族村寨和回族居住院落的发展、演进,正是这些民族精神和文化印记的重要组成部分。自明清以来,由于宗教活动、生活习俗、社会安全及历史渊源的影响,宁夏地区的回族和其他地区一样,渐次形成了"环寺而居"、"分坊而居"、"聚族而居"、"大分散、小集中"的聚落模式,并因自然地理环境的不同(如:六盘山区、黄河川道地区、高原草滩地区等),演变成丰富多样的布局形态。这些聚落模式、布局形态及其空间肌理和结构特征,都是宁夏回族居住文化的重要标识,应当很好地加以研究、总结、继承、发扬,使其在未来的社会经济发展中具有鲜明的地域性、民族性和可持续发展的延续性。为了改善"三边两梢一山"(尤其是南部六盘山区)地区回族的生存条件并修复这里的生态环境,2010年以后,宁夏进入了沿黄城市带发展建设和生态大移民的历史阶段。南部山塬地区将会有34.6万人(其中回族17万人)搬迁到生态和社会经济环境相对优越的黄河川道地区,这将使宁夏回族聚居区大规模的空间重构和调整。

　　面对难得的发展机遇和历史文化传承方面的巨大挑战,作者通过不懈努力,全面考察了宁夏回族住区在空间布局上的发展演变过程;深入研究发掘了宁夏回族传统住区的文化内涵、民族传承、发展肌理和建造模式,同时兼顾生态文明建设和城乡统筹发展的要求,以期提出在快速城镇化发展时期,宁夏沿黄城市带回族新型住区的发展建设模式,并作为今后宁夏沿黄地区四市、六县、一基地回族聚居地规划设计依据及社会经济发展建设的参考。

　　本书将回族住区分为聚居区、院落两个层面,从功能结构、生产生活方式及其布局形态等方面进行研究。全书的论述从研究背景、研究目的、研究方法、理论框架、回族住区的历史变迁、特征分析、驱动因素分析,到聚居区、院落的空间布局适宜性模式的提出。本书第一次全面地对宁夏地区回族住区的历史变迁和建造经验进行了系统的梳理和总结,为宁夏地区回族新型住区的构建打下了理论及实践基础,同时还初步构建了沿黄城市带回族新型住区的引导框架并提出了相应的发展模式和院落布局模式。这些研究成果将对宁夏乃至全国的回族聚居区的发展演进和文化建设传承起到借鉴、引导和参考作用,也为宁夏回族新型住区的发展和进一步研究奠定了基础。

本书作者李晓玲女士自幼生长在被称为"塞外江南"的宁夏河套地区，对这里的一草一木、一山一石、人文环境和风土民情有着深厚的感情并寄托着美好的憧憬和厚望。宁夏大学毕业后她即留校任教并赴上海同济大学进修，2004年在西安建筑科技大学攻读硕士学位，2009年又继续在西安建筑科技大学攻读博士学位。她的硕士学位论文和博士学位论文都紧密联系宁夏社会经济的发展实际，她希望通过自己的努力为本地区的发展建设做出贡献。在攻读博士学位期间，她被选拔担任银川市规划局副局长。作为一个三十多岁的青年知识女性，既要完成繁重的教学工作（她还兼职宁夏大学的副教授）和行政管理工作，又要承担"相夫教子"的家庭义务，还要继续在"磨砺与修炼"的艰苦过程中，攻读博士学位。这对任何年轻人来说，都是巨大的压力和难以想象的挑战。晓玲女士克服了重重困难，取得了成功，获得了博士学位。作为目睹她奋斗、拼搏并取得成就的老师，我不由得为她高兴，为她祝福。

　　我是一个从教近六十年的老知识分子，每次看到自己的学生取得成绩和进步的时候，总是感到由衷的高兴，深有"青出于蓝而胜于蓝"的感慨。尤其作为多年从事城市规划的回族学者，看到在民族文化领域受到重视并获得重要研究成果时更是感到欣慰和振奋。有鉴于此，我衷心地祝愿晓玲博士能再接再厉，在已有研究的基础上更上一层楼，在城市规划领域，尤其在回族新型住区的理论研究和实践方面取得更大的成绩。

吕仁义于 2012 年 12 月 10 日

　　注：吕仁义，西安建筑科技大学教授；陕西省西安市规划委员会组成人员；前西安土木建筑学会副理事长。

前　言

　　2005 年，宁夏回族自治区人民政府正式提出实施沿黄城市带发展战略。2010 年西部大开发的第二个 10 年到来。在社会经济快速发展的同时，宁夏回族自治区在回族住区的风貌延续、历史传承等方面面临着巨大的挑战。

　　本书由作者在西安建筑科技大学撰写的博士论文《宁夏沿黄城市带回族新型住区空间布局适宜性研究》修改而成。本书通过对宁夏回族住区空间布局的全面调查研究，挖掘宁夏回族传统住区的建造经验，同时考虑当前生态文明的发展要求，探索适合城乡统筹背景下、快速城镇化时期宁夏沿黄城市带回族新型住区的空间布局适宜性，以期作为宁夏沿黄城市带回族住区规划建设的借鉴和参考。在研究中，首先将住区分为聚居区和院落两个层面，从功能结构及其布局形态组织方式两方面入手研究。通过对宁夏回族的历史与文化特色进行归纳总结，对宁夏回族住区的空间结构、形态变迁和宁夏沿黄城市带典型回族聚居区和院落的特征分析，总结梳理回族住区的建造经验并从中得到启示，以此作为研究的实践基础。其次，对当前回族住区规划建设中的成败进行梳理，进行了回族新型住区的驱动因素分析，进而建构了宁夏沿黄城市带回族新型住区的空间布局模式和引导框架。最后，对回族新型聚居区社会、经济、文化空间营造进行探讨，在聚居区层面，从服务功能空间、景观空间、公共空间 3 个方面对回族新型聚居区的功能结构和以清真寺为中心的圈层布局形态进行深入挖掘，并对乡镇和村庄两个层面的回族新型聚居区空间布局进行适宜性模式的探索。在院落层面，从功能结构和布局形态角度分析认为一字形和 L 形院落布局是较经济适用的布局模式。

　　当前关于回族住区的研究主要集中在对回族社区的文化、经济、宗教、制度等的研究，缺少对城市规划、建筑学等偏重于回族住区规划布局、方法等的研究。本书首次尝试从住区的空间布局适宜性研究入手，立足于规划、建筑学科，同时注重社会学、经济学、人类学等多学科的视野交叉，进行回族新型住区的引导框架及适宜性模式构建探索。这只是民族地区民族住区规划研究的一个开端。

　　在当前宁夏实施沿黄城市带大发展战略的关键时刻，作者深感宁夏沿黄城市带回族新型住区的研究之路任重而道远。为促进沿黄城市带的大发展和回族住区健康可持续发展，目前作者所做工作还远远不够。希冀本书的出版能起到抛砖引玉的作用，希望能有更多的专家、学者关注宁夏回族住区的未来发展，共同创造民族团结、和谐的宁夏沿黄城市带回族新型住区。

　　对在本书编写中给予指导和帮助的西安建筑科技大学吕仁义、陈晓键、周庆华、黄明华、李志明等教授和宁夏社科院的吴忠礼先生、宁夏大学的何彤慧教授，以及在研究阶段给予配合和支持的宁夏住房和城乡建设厅、宁夏国土测绘院、宁夏大学、银川市规划局编制研究中心的领导和同事，在此一并表示衷心的感谢。

　　受作者水平限制，难免存在研究范围还不够宽、研究深度还有待拓展等不足，敬请读者批评指正。

目　录

第一章　绪　论 1

  1.1　引言 1

    1.1.1　问题的提出 1

    1.1.2　回族住区 2

    1.1.3　回族新型住区 3

    1.1.4　空间布局适宜性研究 3

  1.2　研究的背景与问题 4

    1.2.1　城乡统筹背景下影响乡镇和村庄居住问题的若干因素 4

    1.2.2　宁夏沿黄城市带规划建设与乡镇和村庄发展的相互影响问题 6

    1.2.3　低碳发展理念对乡镇和村庄住区发展的影响 8

  1.3　研究目的与意义 8

    1.3.1　研究目的 8

    1.3.2　研究意义 9

  1.4　研究方法与框架 10

    1.4.1　基本思路 10

    1.4.2　研究方法 11

    1.4.3　研究框架 12

    1.4.4　研究内容 13

第二章　住区规划实践相关研究及启示 14

  2.1　住区规划相关研究 14

    2.1.1　可持续发展住区规划的相关研究 14

    2.1.2　社区规划相关研究 16

    2.1.3　低碳住区规划相关研究 19

    2.1.4　其他一般住区相关研究 21

  2.2　回族住区及其规划的相关研究 24

    2.2.1　国外穆斯林住区研究 24

    2.2.2　国外回族社区研究 25

    2.2.3　国内回族住区的相关研究 26

         2.2.4 宁夏的相关研究 29

   2.3 对本研究的启示 31

   2.4 小结 32

第三章 宁夏回族住区的历史演变 33

   3.1 回族在中国的形成过程及住居特征 33

         3.1.1 回族在中国的形成过程 33

         3.1.2 伊斯兰教影响下产生的回族社会组织形式 34

         3.1.3 教坊制度对回族聚居形态的影响 34

   3.2 宁夏回族的社会、经济、文化特色 36

         3.2.1 社会特色 37

         3.2.2 经济特色 40

         3.2.3 文化特色 42

   3.3 宁夏回族住区功能结构与布局形态演变历程 45

         3.3.1 演化背景和阶段 45

         3.3.2 聚居区演化方式 50

         3.3.3 演化规律 53

   3.4 宁夏回族住区演化特征 59

         3.4.1 居住分异 59

         3.4.2 功能结构演化特征 59

         3.4.3 布局形态演化特征 60

   3.5 影响宁夏回族住区空间分布差异性因素对比分析 60

   3.6 小结 61

第四章 典型回族住区空间布局现状特征分析 62

   4.1 住区功能结构及布局形态特征背景 62

   4.2 聚居区布局形态特征 64

   4.3 聚居区空间结构特征 65

         4.3.1 现状聚居区空间结构组织形式 65

         4.3.2 清真寺为中心的服务功能主导空间 66

         4.3.3 清真寺和商业发展为导向的公共空间 68

         4.3.4 清真寺为景观标志中心的景观空间 70

         4.3.5 指向清真寺的可达性强的道路交通系统 71

         4.3.6 用地构成分析 73

   4.4 院落功能结构特征 74

         4.4.1 主导空间 74

　　　　4.4.2　辅助空间 74

　　4.5　院落布局形态特征 75

　　　　4.5.1　六种布局形态 75

　　　　4.5.2　布局形态比较分析 77

　　4.6　回族住区建造经验解析及启示 79

　　　　4.6.1　传统回族住区建造经验 79

　　　　4.6.2　回族传统住区典型特征及启示 81

　　　　4.6.3　记忆与期望——回族新型住区未来发展之路 86

　　4.7　小结 86

第五章　驱动因素分析及回族新型住区空间布局适宜性模式引导框架 88

　　5.1　当代宁夏沿黄城市带回族住区空间布局及建设成败分析 88

　　　　5.1.1　当代回族住区建设成败解析 89

　　　　5.1.2　当代回族住区建设成败的启示 100

　　5.2　宁夏沿黄城市带回族住区空间布局模式驱动因素分析 102

　　　　5.2.1　基础性动因——自然生态 103

　　　　5.2.2　根本动因——社会经济 103

　　　　5.2.3　基本动力——绿色低碳技术 106

　　　　5.2.4　核心动力——历史文化 109

　　5.3　回族新型住区空间布局适宜性模式引导框架 111

　　　　5.3.1　理念体系 111

　　　　5.3.2　目标体系 114

　　　　5.3.3　构成层次和规模 115

　　　　5.3.4　构成方式和要素 116

　　5.4　小结 117

第六章　聚居区空间布局适宜性模式探索 118

　　6.1　社会、经济、文化空间的营造 118

　　　　6.1.1　构建环境友好—社会参与为一体的社会空间 118

　　　　6.1.2　构建生活—生产—信仰为一体的经济空间 119

　　　　6.1.3　构建传承—有机更新为一体的文化空间 121

　　6.2　回族新型聚居区功能结构 123

　　　　6.2.1　以清真寺为中心的服务功能空间 123

　　　　6.2.2　以意象为追求目标的景观空间 125

　　　　6.2.3　以清真寺为中心的公共空间 127

　　6.3　回族新型聚居区布局形态分析 127

　　　　6.3.1　居住融合 ……………………………………………………………… 127

　　　　6.3.2　以清真寺为中心的圈层布局形态 ………………………………… 128

　　6.4　聚居区空间布局适宜性模式 …………………………………………… 128

　　6.5　小结 ………………………………………………………………………… 132

第七章　院落空间布局适宜性模式探索 ………………………………………… 133

　　7.1　院落功能结构 …………………………………………………………… 133

　　　　7.1.1　院落空间与室内外空间的关系 …………………………………… 133

　　　　7.1.2　院落的功能 ……………………………………………………… 134

　　　　7.1.3　院落的功能空间 ………………………………………………… 135

　　7.2　院落布局形态引导 ………………………………………………………… 136

　　　　7.2.1　院落布局形态界定因素 …………………………………………… 136

　　　　7.2.2　院落形态界定元素的特征 ………………………………………… 136

　　7.3　院落空间布局适宜性模式 ……………………………………………… 138

　　　　7.3.1　一字形院落布局 ………………………………………………… 138

　　　　7.3.2　L 形院落布局 …………………………………………………… 138

　　7.4　小结 ………………………………………………………………………… 139

第八章　结论与展望 ……………………………………………………………… 140

　　8.1　结论 ………………………………………………………………………… 140

　　8.2　创新点 ……………………………………………………………………… 143

　　8.3　研究展望 …………………………………………………………………… 144

参考文献 …………………………………………………………………………… 146

第一章 绪 论

"我们的地球无论在过去、现在还是将来，都是不同文化、不同语言、不同宗教和肤色的人们的栖息之地……不同的民族、部落、宗教和种族如何和睦地生活在同一个城市、同一个国家、甚至同一条街道，这是一个既古老又非常现代的问题。"

——费利克斯·格罗斯

1.1 引言

1.1.1 问题的提出

本研究来源于宁夏自然科学基金资助项目：宁夏农村回族住区的可持续发展模式探研（项目编号：NZ0943）。项目主要对新建和改扩建宁夏回族住区的规划模式进行研究。通过对宁夏农村回族住区现状的调研(包括对现状宁夏农村住区的空间分布格局，村民居住意向，用地集约度，土地利用率，以及村民住宅的面积、朝向、与清真寺的关系等进行现场踏勘调研和发放调查问卷)，得出以下结论：①回族住区普遍具有较强的地缘、血缘关系，家族、宗族、乡族、民族意识较强，具有较强的地域观念、乡土观念和住区归属感。②在回族住区规划中充分挖掘回族地方居住文化特色，尊重村民的心理、生理要求，满足村庄自我发展的自然要求，保持村庄的原有肌理以及本真生产生活状态，满足乡村生态链的要求。③从技术、经济等多角度进行方案选择，提出可持续发展模式，找出适合宁夏农村的最优规划方案、规划模式。

本书在原基金研究的基础上，将视野锁定在宁夏沿黄城市带区域的回族住区范围内，通过对宁夏回族住区空间布局的全面调查研究，挖掘宁夏回族传统住区的建造经验模式，同时考虑当前生态文明的发展要求，探索适合城乡统筹背景下，快速城镇化时期宁夏沿黄城市带回族新型住区的空间布局适宜性，以期作为今后宁夏沿黄城市带回族住区规划建设的指导依据。

2005年，宁夏回族自治区实施沿黄城市带的发展战略，提出了要通过这种区域发展战略的持续推进，打造"黄河金岸"。以银川市为中心，石嘴山、吴忠、中卫3个地级市为主干，青铜峡、灵武、中宁、永宁、贺兰、平罗县城和若干个建制镇为基础，形成大中小城市相结合的城镇集合体，使其成为"呼—包—银—兰"经济带的重要一极，成为西北地区重要的商贸物流中心和文化旅游中心，成为宁夏承接发达地区产业转移、参与国内外市场竞争的强势经济群。这一战略的核心是以区域中心城市银川市，带动周边城市、县域乡镇的发展，区域统筹发展，实现产业集聚、设施完善、城镇发展、人口聚集，进而推进宁夏全区的科学、和谐和跨越发展。2010 年 7 月，沿黄 402km 的标准化大堤的贯通，标志着沿黄城市带建设已初具规模（图 1-1）。

宁夏沿黄城市带的具体区域范围为：以黄河为纽带，引黄灌区为依托，包括银川、石嘴山、吴忠、中卫 4 个地级市，青铜峡市、灵武市、中宁县、永宁县、贺兰县、平罗县 6 个县市和宁东能源化工基地（含太阳山开发区），区域土地面积 2.87 万平方公

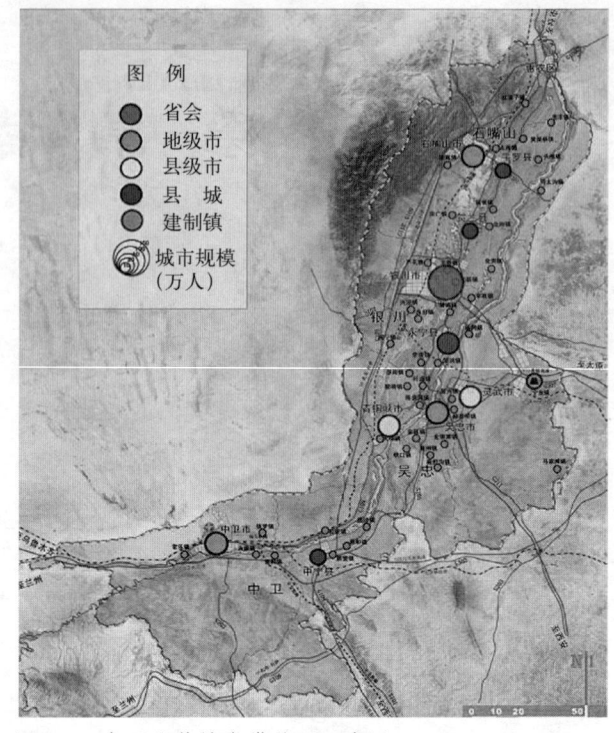

图 1-1　宁夏沿黄城市带范围示意图

里（占全区土地面积的 43.2%）。2010 年全国第六次人口普查数据显示：沿黄地区总人口 507 万（占全区总人口的 81%），其中回族 165 万人，占宁夏回族人口的 75%，占宁夏总人口的 33%。

1.1.2　回族住区

回族住区是指聚集在一定地域空间范围内（农村或乡镇，一般以农村居多），有共同的伊斯兰教信仰，有共同的价值观念、生活方式和风俗习惯，以汉语为主要交流语言，以回族居民为主体的住区。它是回族民众生产生活、休息娱乐、繁衍后代、精神文明、安全卫生、实现理想与价值、交流思想感情的场所。根据作者对宁夏沿黄城市带回族住区的调查（表 1-1），沿黄城市带上共有回族 38 个回族乡镇，254 个回族村庄。

宁夏沿黄城市带回族住区调查表

表 1-1

地市名称	回族乡镇数量	回族村庄数量（行政村）
石嘴山	12	59
银川	9	85
吴忠	15	83
中卫	2	27
总计	38	254

对于宁夏沿黄城市带上众多的回族乡镇和村庄，只有发展好乡镇和村庄经济，解决好乡镇和村庄问题，建设好乡镇和村庄家园，才能保障全体人民共享经济社会发展成果，才能为广大人民谋福祉。本次研究的是宁夏沿黄城市带的乡镇和村庄回族住区。因为城镇化的快速推进，城市中的回族住区已几近消失。目前在乡镇和村庄还因为血缘、地缘关系的联系而存在着聚居程度较高的回族住区，住区内人们的家族、民族、宗族、乡族意识较强，并具有深厚的地域观念、乡土观念和住区归属感。

1.1.3 回族新型住区

在宁夏沿黄城市带的快速推进过程中，大量的村庄整合成具有一定规模的中心村，大批新建、改建住区应运而生。同时又恰逢 2010 年的"十二五"规划开局之年，5 年内 34.6 万生态移民要从宁夏中南部迁移到沿黄城市带集中居住，这其中回族住区占到49%❶。对于分布在宁夏沿黄城市带的众多回族住区，一方面，急速发展的住区由于缺乏及时有效的指导，空间资源不能合理有效地利用；另一方面，在建设过程中如何保留回族传统特色，延续回族历史文化特色，使其既成为回族历史文化的载体、文脉的延续，又能吸收现今先进的生态节能技术，真正满足回族群众的生活居住需要。这些都是本书需要探求的问题。

《现代汉语词典》对"新型"的解释为：新的类型或形式。

本书所研究的宁夏沿黄城市带回族新型住区即是考虑宁夏沿黄城市带区域的自然环境，社会经济条件，土地的生态价值，回族生产方式、生活习俗，将用地节约、产业带动、生态适宜、安全防灾、文化传承、低碳环保等作为回族住区的未来发展目标，构建满足回族居民生活、行为特征模式，符合回族住区未来发展，具有有机增长特性的回族住区。

1.1.4 空间布局适宜性研究

住区空间布局是指由院落空间和其周围的各类公共服务设施、基础设施所构成的空间。住区空间布局使人们的生活方式和意义以更为明确的方式显现出来，以空间形式物化了生活的方式和意义，形成了"空间布局"，住区空间布局的内涵是外部空间的表现形式和组成关系。它包含两个方面的意义，一方面是指建筑外部空间的"形"，另一方面指这一特定空间的"情"，是空间的物形作用于人们的生理及心理的感受。

存在于世界上的缤纷多样的形态实际上大致可以分为两类：一类是自然界中自然形成的形态，另一类是经人造加工所形成的形态。面对如此纷繁复杂的形态世界，科学家们根据这些形态固有的秩序和规律寻找它们固有的结构组织。结论证明，无论多么复杂的形态，其内部都含有明确而有序的结构。复杂的形态与有序的结构之间都存在着对应关系，这一点对于进行回族住区的空间形态研究具有非常重要且富有启迪性的作用。研究设想不同形态的回族住区如同化学元素一样，带有某种共通的结构，并

---

❶ 宁夏生态移民规划，宁政发，2011（34）号，P47.

且能够找出这个共通的结构。对这个结构进行深入优化研究，寻求其内部组成部分（清真寺、住宅、公共设施、道路、绿化等）之间的相互联系及内部的规律、特点，进而找出那些看似千变万化且处于混沌状态下的住区的秩序。由于找到了这些共通的结构特征，也使得不同住区之间的差异性和类似性得以明确，这也正是本研究的动机和最终目的。

在住区空间布局的研究中，重点在空间的功能结构形式和其布局形态组织方式。对于住区整体来说，其中聚居区的整体空间和构成住区空间的院落空间都是至关重要的（图1-2）。住区空间布局为住区空间总体氛围的营造奠定了基础。良好的住区空间布局，可以丰富和强化人们在住区中生活的经历及意义，具体体现在整体结构、院落、清真寺、道路、广场、绿地等公共空间、半公共空间的具体形式和特征之中，这就决定了回族住区空间特定的"形"和"情"，参与到人们的生活之中而成为生活方式的重要组成部分。这一积极的相互作用，正是研究构建回族新型住区空间布局的意义所在。

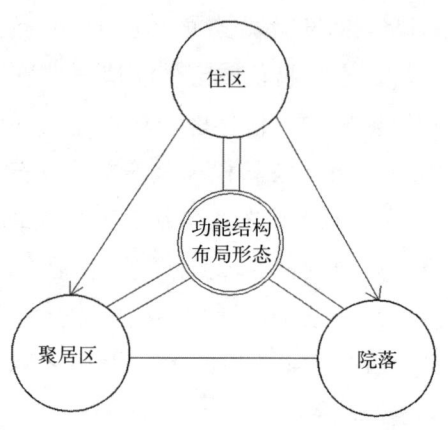

图 1-2　研究结构图

通过对回族新型住区空间布局的功能结构和布局形态两方面进行深入剖析研究，对回族传统住区的启示予以保留延续，充分考虑当今时代发展对回族住区的驱动因素影响，从功能结构和布局形态两方面建构宁夏沿黄城市带回族新型住区引导框架，并从聚居区、院落两个层面进行适宜性模式的探索。《宁夏沿黄城市带回族新型住区空间布局适宜性研究》由此产生。

1.2　研究的背景与问题

1.2.1　城乡统筹背景下影响乡镇和村庄居住问题的若干因素

1. 宏观政策背景

21世纪以来我国颁布了6个中央一号文件，2004年关注的主题是农民收入，2005年是农业综合生产能力，2006~2009年是新农村建设，传统的农民收入、现代农业、基础设施建设等都列入了新农村建设发展战略中。2010年的中央一号文件成了中国未来发展的一个战略转移点，从此，中国的发展重点就从过去单纯地发展新农村，过渡到真正的城乡统筹。通过城镇化，在规划统筹引导基础上，积极稳妥地吸引大批回乡青年在中小城市与城镇落户，通过户籍制度放开与产业发展吸引大量农村人口，集聚的人气会对中小城市与城镇的发展起到带动作用。而大量的人口从农村转移出去后，农村的土地经营规模也会因此而扩大，从而使务农的农民通过经营较大规模的土地提高收入，从根本上解决"三农"问题。当然这是一个牵一发而动全身的问题，属于最难啃的骨头。单一的政策是难以奏效的，必须综合考虑多方面因素，包括城镇规划、户籍制度、房地产发展、就业机会创造、社会保障、农地非农用、粮食安全等。

在新形势下，如何统筹解决好宁夏跨越式发展时期的城乡发展问题，是非常关键的环节。关注、关心乡镇和村庄的居住问题是当前科研工作者的责任和历史使命。宁夏是全国唯一的回族自治区，回族人口相对集中。关于宁夏回族的相关研究多集中于人文社会科学层面和具体的村落层面，也有对清真寺建筑和建筑的研究，但对宁夏境内大量分布的回族住区的研究还未有涉及。宁夏沿黄城市带回族新型住区的空间布局适宜性研究正是关注农民的基本居住问题而展开的基础工作。

2. 城镇化加速发展态势

近几年宁夏出现了工业化与城镇化的加速发展态势。城乡二元结构逐步打破，工业化与城镇化二者之间的关系越来越密切，相互影响也越来越大。在全球化、信息化的背景下，传统工业迫切要求向新型工业转型，这必将对城镇化产生新的影响并提出更高的要求。城市规模的不断扩大、市区的加速培育以及建制镇中心村的发展，各种新的城镇组合形态的出现，为全面推进宁夏乡镇和村庄的小康社会建设和农业农村现代化进程提供了条件。在这种条件下，乡镇和村庄的规划建设迫切需要得到指导和保证。

3. 回族历史文脉的传承要求

宁夏是回族聚居相对集中的地区，具有历史悠久的清真寺，回族传承的生活习俗，非物质文化遗产等。在快速城镇化时期，由于人们生活环境和条件的变迁，民族或区域文化特色消失加快。因此，加强历史文化遗产保护刻不容缓，具有更加现实的紧迫性。

保护历史文化遗产，保持民族文化的传承，是连接民族情感纽带，增进民族团结和维护国家统一及社会稳定的重要文化基础，也是维护世界文化多样性，促进人类共同发展的前提。为此，党的十七大把加强文化遗产保护，作为推动社会主义文化大发展、大繁荣，实现全面建设小康社会的一项重要历史使命。党的十七大报告强调指出：中华文化是中华民族生生不息、团结奋进的不竭动力。并号召全党全国人民"加强对各民族文化的挖掘和保护，重视文物和非物质文化遗产保护"，"弘扬中华文化，建设中华民族共有的精神家园"。可见，加强历史文化遗产保护，还是建设社会主义先进文化，贯彻落实科学发展观和构建社会主义和谐社会的必然要求，意义重大。

4. 全面建设小康社会的要求

我国全面建设小康社会的关键在于乡镇和村庄地区，改善乡镇和村庄人居环境，必须首先从规划抓起。乡镇和村庄地区的人居环境建设必须纳入到区域城镇化发展的总体框架下，根据城镇化发展的策略推进乡镇和村庄的建设与环境整治。为了营造良好的乡镇和村庄居住空间环境，每个中心村的科学合理规划建设就成了乡镇和村庄住区可持续发展的重要前提。针对宁夏沿黄城市带的众多回族住区进行的回族新型住区的空间布局适宜性研究正是应对全面建设小康社会，营造良好乡镇和村庄居住空间环境的一项基础工作。

5. 建设新宁夏的区情要求

"十二五"时期是全面建设小康社会的关键期，是深化改革、加快转变经济发展方式的攻坚期，也将是大有作为的重要战略机遇期。2011 年，宁夏沿黄经济区作为国家重点建设的 18 个主体功能区之一纳入了国家"十二五"规划纲要（草案），这是一个覆盖整个宁夏黄河流域的，涵盖经济社会方方面面的系统工程，是"一揽子"解决宁夏发展问题的宏图伟略。沿黄经济区是把宁夏的优势集中起来做了一次"加法"，是宁夏资源优势、人文优势、政治优势、民族团结优势的一次优化组合。城市化、工业化和农业产业化"三化同步"的发展计划要求，"十二五"期间，宁夏 34.6 万人将从生态失衡、干旱缺水的地区搬迁到有水、靠路、近城的地方，在沿黄经济区开发整理出来的土地上开始全新的生活。城乡统筹发展是指，城市和乡村都要根据自身特点积极发展，争取同步发展。根据乡镇和村庄的特点，争取在基础设施、居住环境等方面进一步改进、提高。针对宁夏沿黄城市带上大量分布的回族住区进行的回族新型住区的空间布局适宜性探索研究工作正是建设新宁夏的要求。

1.2.2　宁夏沿黄城市带规划建设与乡镇和村庄发展的相互影响问题

1. 正确处理遗产保护与经济发展的关系

对散布于宁夏沿黄城市带上的回族住区进行保护性发展，在发展经济的同时，注重文化遗产的保护。一方面这些历史遗存的城镇和村庄是见证历史、传承文明的历史载体，一旦疏于保护，遭到破坏，犹如覆水难收，势必永久失去历史的记忆和立命的根基，从而割断历史文脉，变成没有历史之魂的躯壳，而且还影响经济竞争软实力。另一方面它们和所有其他的村庄一样，也需要经济发展，改善人居环境，提高生活质量，这是不以人的意志为转移的客观规律。因此要正确处理文化遗产保护与经济社会发展的关系。

保护与发展构成的对立统一始终相辅相成，我们必须遵循这一条亘古不变的永恒法则。所谓保护，是在历史城镇和村庄演化变迁过程中去粗取精，优胜劣汰，保留、呵护并传承历史的精华。而发展则是顺应人类社会进步需要，在持续创新中对历史文化遗产的延展扩大。没有保护文化遗产作为基础，割断历史，抛弃既有文明，就无从谈起发展、创新和进步；而没有发展、创新和进步，也就不可能在产生新的历史文化中积淀，无法持久永续地丰富其内涵。在悠久的历史长河里，一些具有生命力的历史建筑物、构筑物、建筑群体形态、街道格局和传统风貌必然会延续下来，作为历史信息的载体，伴随一代又一代人继承、保护和传承。与此同时，一些新的具有特殊历史价值、实用价值和纪念意义的建筑物、构筑物也会在城乡发展过程中不断出现。人类社会正是在历史与未来的交替变化中一路走来，进入了工业化、城镇化、现代化和信息化时代。只有在不断传承文明中创新发展，在不断创新发展中传承文明，才能始终保持历史文化名城名镇名村的生命与活力。无论怎样的历史，都是无数历史人物、历史事件，以及凭借这座历史时空大舞台传承社会文化的缩影，都是铭刻在不同特色的物质形态上的历史教科书。由于它们的存续方式具有动态属性，因而承载着历朝历代和各个时期的丰富信息，绝不是某一历史瞬间的定格，更不能视为静态的馆藏文物。应当秉持动态观念，寻求保护与发展的结合点。

2. 回族新型住区和沿黄城市带发展的"双赢"

目前，宁夏沿黄城市带的回族住区主要集中于石嘴山市平罗县的宝丰镇灵沙乡；银川市兴泾镇、月牙湖乡、纳家户、通贵乡、灵武市；吴忠市利通区的各乡镇和同心县的各乡镇。具有"大分散小集中"的分布特点，一般规模较小（100～300户），基础配套不完善，居住环境混杂，回族特征逐渐丧失，只有清真寺尚存，普遍缺乏规划，房屋建造年代较早，质量层次不一（图1-3）。

(a)

(b)

(c)

(d)

图1-3 回族住区建设现状

作为全国唯一的回族自治区，宁夏实施了沿黄城市带的区域发展战略，强调形成区域发展的"合力"。在城乡统筹发展及快速城镇化进程中，如何使原来民族气息浓郁的回族聚居村庄和乡镇既跟上时代发展的步伐，又要沿袭原有的生活习俗和民族宗教习俗，实现沿黄城市带和回族住区的"双赢"发展，这是本书需要探究的问题。

1.2.3 低碳发展理念对乡镇和村庄住区发展的影响

随着传统能源资源的日益枯竭和全球生态环境的恶化，建设以低能耗、低污染、低排放为基础，自身发展可持续的绿色低碳城市，成为世界城市发展的重要方向。目前，在我国建设"两型社会"目标下，生态规划与低碳城市建设也在国内相继开展，其中不乏大型生态新城的案例。虽然目前我国小城镇和村庄的生态规划实践进程依然缓慢，但在我国广大的乡镇和村庄地区的规划建设中推广生态、低碳的理念和技术，引导和推广生态型乡镇、生态型村庄的良性建设，仍是一项急迫而具有实际意义的工作。

宁夏沿黄城市带的回族新型住区在空间布局适宜性的探索研究中仍然要注重考虑低能耗、低污染和低排放的低碳要求。联合国可持续发展《地方21世纪议程》提出：放眼世界，着手当地。宁夏沿黄城市带具有独特的地然地理条件，回族特殊的生活习俗和生产方式，在具体的规划实践中应充分考虑自然条件、社会结构、生活方式、出行特征、建筑资源循环再生、绿色交通系统、紧密的邻里社会交往空间、生态教育等，扬长避短，突出新型的特色。

1.3 研究目的与意义

1.3.1 研究目的

宁夏沿黄城市带上分布着数量众多的回族住区，此外在"十二五"期间即将有17万回族生态移民迁移到沿黄城市带的安置区。怎样通过合理的规划模式来指导、引导数量如此众多的回族住区进行有序的、健康的建设，既能满足广大回族居民的居住生活要求，又能打造沿黄城市带上的特色回族住区，使回族住区成为宁夏黄城市带上的一个个亮点，使沿黄城市带成为集产业、居住为一体的综合发展区域，这是本书研究的核心问题。

通过阅读相关文献和实地调查研究，以系统论的思路，跨学科的角度，融合城市规划、区域规划、村镇规划、人文、历史等理论，分析宁夏沿黄城市带回族住区的发展轨迹和特征，寻求影响宁夏沿黄城市带回族住区发展的主要因素，以利于未来回族住区发展的预测，提高规划引导和干预的主动性。

通过采取理论分析与实证分析相结合、综合分析与重点分析相结合的思路直面宁夏沿黄城市带在区域发展的大框架背景下，快速城镇化时期的传统回族住区的延续性与发展性之间的矛盾。选取部分回族住区进行调查研究，并采用多种方式与政府部门、使用人群交流，以期揭示回族住区发展规律。

针对宁夏沿黄城市带回族住区引入回族新型住区的先进理念，探讨面向快速城镇化、城乡统筹发展的回族新型住区的空间布局适宜性模式，为实现资源节约、环境友好的宁夏沿黄城市带回族新型住区提供启示。

在当今城乡统筹发展的大背景下，如何借助宁夏建设沿黄城市带的契机，解决好165万回族人口的居住问题，规划整合建设回族新型住区，实现宁夏沿黄城市带回族住区的创新发展，是宁夏沿黄城市带城乡统筹发展的重要环节。

研究通过探讨城乡统筹背景下的沿黄城市带回族住区空间布局适宜性问题，分析影响沿黄城市带回族住区发展的因素，最终确定从聚居区和院落两个层次来进行分析研究。以社会、经济、文化方面的要求为前提，重点从生态适宜性、技术可行性、经济适度性、文化延续性、防灾重要性、低碳节能性6个方面来探求宁夏沿黄城市带回族新型住区的空间布局适宜性模式；为快速城镇化进程中的宁夏沿黄城市带回族住区提供引导，促进其健康、有序发展。

1.3.2 研究意义

随着时代的变迁和社会的变革，回族住居文化和中国传统住居文化一样经历了时代的洗礼。随着城镇化进程的加快，乡镇和村庄建设的规模化迈进，传统民居受到的冲击是前所未有的。人们在留恋中接受着传统住居文化的消失，在喜忧参半中迎接着创新住居文化的到来。人们坚守传统住居文化的阵地越来越小。于是就放弃、随从、强迫自己改变固有的居住观念，以适应目前既陌生又新奇的居住环境和居住模式。由千篇一律的、没有传统美学价值和缺失使用价值的单体住宅建筑整合为整齐划一的新农村庄点，缺少了传统，缺少了文化，缺少了各呈风采的多样性。在这种大背景下，具有回族风格、地域特色的住宅建筑也就渐渐地从人们的视线中、记忆中消失了。继续走下去，还会去改造已经模式化了的现代住居建筑文化，再从这些时代造就的住宅中开拓出一条在空间布局方面具有地域性、文化性的回族住居文化的新路来。但这条道路将会更加曲折，这个过程将会更加漫长。客观地讲，回族住居文化的发展，又驶回到了历史的螺旋轨道上，他们遭遇到的"改造"对象已经发生了质的变化，但就其艰难程度而言，并不亚于他们数百年来走过的苦苦求索民族化的荆棘之路。

进入21世纪，我国更加重视社区的研究。1994年3月国务院通过的《中国21世纪议程——中国21世纪人口、环境与发展白皮书》明确提出了"人类住区可持续发展问题"；指出"人类住区的规划和居住用地管理是人类住区发展的一个重要问题"；"要开展住区环境建设研究，为住区环境建设提供政策、规划、设计、管理等科学依据"。对此，一批学者致力于社区、住区的研究，纵观其研究内容，多集中于小城镇、城市化、城市社区、城乡关系以及有关都市社区建设及社区服务方面的研究。而民族住区、农村住区，尤其是有关民族住区规划模式（人地关系及空间结构）问题却很少涉及。

2011年3月，《国民经济和社会发展第十二个五年规划纲要》颁布，强调要"坚持以人为本、节地节能、生态环保、安全实用、突出特点、保护文化和自然遗产的原则，科学编制城市规划，健全城镇建设标准，强化规划约束力。"

"回族风情"是宁夏的特色，散布在沿黄城市带的回族住区是"回族风情"的重要体现。在对宁夏沿黄城市带回族住区现状的田野调查和历史考证的基础上，分析宁夏沿黄城市带回族住区的发展轨迹和特征，寻求影响其发展的主要因素，以利于未来回族住区发展的预测，提高规划引导和干预的主动性，为快速城镇化进程中的宁夏沿黄城市带回族新型住区提供有益于社会和谐、资源节约、环境友好的空间规划布局适宜性模式。

本书试图借助规划学科和人类社会学科多学科交叉的理论视角，直面回族在快速城镇化背景下的现实问题。回汉民族的和谐、团结是关乎国家政治安定、社会团结和经济繁荣的重大问题。回族住区不仅真实地记载了城乡发展的历史轨迹，还留存着大量有价值的历史文化遗产，是历史研究和文化延续的活体，是回族群体的精神归属，肩负着民族和谐的时代重任。

当前，宁夏正处于快速城镇化的新时期，正在实施规模空前的沿黄城市带区域发展战略，开展回族新型住区的空间布局适宜性研究，对宁夏沿黄城市带区域的回族住区规划建设具有重要的理论和实际意义，主要包括：①回族住区空间布局适宜性研究拓宽了新时期乡镇和村庄居住问题研究的视野；②乡村聚居模式创新是有效提升乡村人居环境质量的重要途径；③理清回族聚居模式的演变趋势及调控机理，为今后回族住区地规划建设提出适宜性模式，这是编制乡村规划的重要依据；④对乡镇和村庄回族住区空间布局适宜性模式的探索是挖掘宁夏回族地方文化特质的重要途径。

1.4 研究方法与框架

1.4.1 基本思路

任何住区的形成和发展，都离不开民族历史的形成与发展。研究宁夏沿黄城市带回族住区的形成与发展，首先要从宁夏沿黄城市带回族的发展入手，研究宁夏沿黄城市带回族住区的形成与发展及其社会、经济、文化的主要特色，重点对宁夏回族住区的历史演变的历程、方式和规律进行总结梳理，对在大的居住分异格局下住区的功能结构和布局形态进行重点研究，试图找出居民心中的"记忆"。对宁夏沿黄城市带区域与南部区域影响住区空间布局差异性的因素进行对比分析。在此基础上，对典型回族住区展开深入地调查、分析和研究，分析梳理影响回族住区空间布局中的功能结构和布局形态方面的典型特征。其次，通过对宁夏传统回族住区和当代回族住区建设经验的总结和对回族新型住区空间布局引导框架的建构，探索宁夏沿黄城市带回族新型住区空间布局适宜性模式。从功能结构和布局形态两个层面分层次探索聚居区、院落层面的空间布局适宜性模式。以此作为今后宁夏沿黄城市带回族聚居小城镇或者村庄规划编制的参考依据。

1.4.2 研究方法

本研究是一项应用基础研究，既有理论的总结提出，又有很强的实践性。为达到研究的目的与内容，主要采用以下几种方法：

1. 系统分析法

系统由要素构成，系统是一个有机综合体。系统分析法是用复杂系统论的观点，把所研究的事物看作一个复杂系统，从系统的角度来看待其形成和演化，采用分析、评价、综合的方法实现系统最优。

2. 静态分析和动态分析相结合

回族新型住区空间布局适宜性研究既是回族住区发展在某一时点上的反映，又是多种因素作用的结果。它不仅是一种发展的状态，还是一种发展的过程。因此研究时要把静态分析和动态分析结合起来，将历史、现实与未来相结合。

3. 理论分析与政策设计相结合

研究方法的确定与研究路线、研究方向、研究结果都有着密切的关系。本书主要采用研究相关文献和田野调查的方法，对宁夏沿黄城市带上的回族住区，基于规划的视角，从文献学、社会学、历史学、文化学、宗教学、民俗学、民族史学、建筑史学等方面进行了研究。在历史形成的回族文化性格的基础上，探讨当代回族住区的发展规律，从而提出了回族新型住区在城乡统筹的大背景下，在快速城镇化时期的发展方向。本书在理论分析、实证研究的基础上，提出了宁夏沿黄城市带回族新型住区的空间布局适宜性模式，最终推进宁夏沿黄城市带回族新型住区的发展进程，完成从理论到实践的飞跃，为政府决策部门提供理论依据和可操作办法。采取的具体措施包括：

1）文献资料研究

通过查阅相关书籍、文献、互联网，通过访问宁夏回族研究学者、宗教工作者、住区居民，收集大量关于宁夏回族的历史和文化资料，运用历史学、宗教学、文化学相结合的方法研究宁夏沿黄城市带回族住区的形成历史和文化特色。从宁夏沿黄城市带回族住区形成与发展，宁夏沿黄城市带回族的文化特色两个主要视角，着手研究宁夏沿黄城市带回族住区形成与发展的历史背景，从而探寻宁夏沿黄城市带回族住区发展的历史规律和特征。通过对规律的把握与分析，探讨宁夏沿黄城市带回族新型住区的空间布局适宜性模式。

2）田野调查研究

引入社会学、民族学的调查方法，搜集、整理宁夏沿黄城市带的整体发展情况，以便从整体、宏观角度把握全局。对宁夏沿黄城市带的回族住区进行现状调研分析，对回族住区的特征进行梳理，以便深入了解回族住区的传统建造经验。对宁夏沿黄城市带回族住区的产业发展、基础设施、公服设施配套等进行调研，以便从区域角度分析研究。对住区内居民的使用需求进行问卷、访谈分析，以便制订宁夏沿黄城市带回族新型住区的规划理念。对回族住区人群的生活特征和行为特征进行调研，以便有针对性的进行回族新型住区空间布局适宜性研究。

1.4.3　研究框架

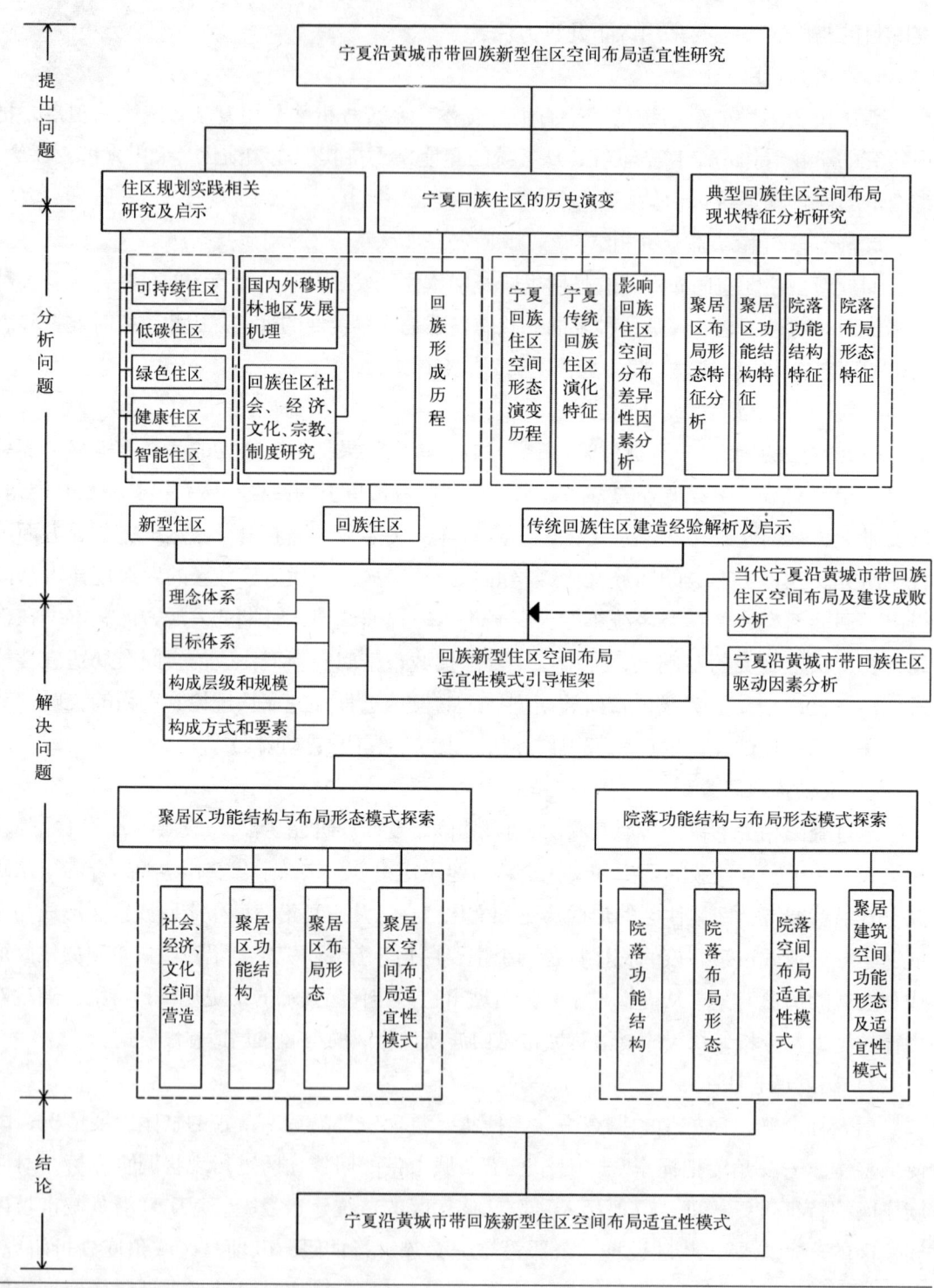

图 1-4　宁夏沿黄城市带回族新型住区空间布局适宜性研究框架

GD 01898358

1.4.4 研究内容

本研究是宁夏自然科学基金资助项目"宁夏农村回族住区可持续发展模式探研(NZ0943)"的深入研究。研究范围为宁夏沿黄城市带这一特定区域，这一区域内生态自然生态条件良好，较之宁夏南部山区固原更适于居住、生活。沿黄城市带区域发展政策的良好外部正效应对回族住区的规划建设起到了推动作用。"十二五"期间宁夏南部约17万回族要从生态条件较为恶劣的南部迁往中北部沿黄城市带区域。研究将视角聚集在宁夏沿黄城市带这一区域范围内的新建、改建回族住区，以城镇化快速发展时期传统回族住区的未来发展方向为研究主体，以回族新型住区的空间布局适宜性为突破口，从研究回族住区在宁夏沿黄城市带的历史变迁和结构形态演变入手，重点从聚居区、院落两个层面进行综合研究，探索构建宁夏沿黄城市带区域回族新型住区空间布局的适宜性模式，研究主要涉及以下几个方面：

1. 认识以宁夏回族住区为载体的回族文化价值，以及回族传统住区的历史变迁折射出回族特有的社会、经济、文化特色，继承性地创新发展是回族住区未来的发展之路。

2. 总体认识宁夏沿黄城市带回族住区的空间分布特征，对1982年后典型回族住区的空间结构演变特征、规律进行总结，对回族住区一直延续至今的建造经验进行梳理，作为未来沿黄城市带回族新型住区的历史传承基础。

3. 从功能结构、布局形态两方面分析宁夏沿黄城市带回族聚居区、院落的现实基本状况、特征与问题。分析影响回族住区发展的驱动因素，客观认识沿黄城市带发展的大趋势对传统回族住区的影响。

4. 明确宁夏沿黄城市带回族新型住区的基本原则，从功能结构和布局形态方面深入研究回族新型住区的空间布局适宜性，从引导框架的提出到聚居区层面、院落层面的空间布局模式探索。

5. 总结当前回族住区建设中的成败，进行居民满意度调查，得出结论：回族新型住区是当前快速城镇化时期宁夏沿黄城市带回族住区发展的必然趋势。对回族新型住区的空间布局适宜性模式的研究是对原来回族住区建设发展模式的适宜性变革。

第二章　住区规划实践相关研究及启示

　　鉴于住区规划相关研究涉及面较广，本书从一般住区规划和回族住区规划两个层面来系统梳理相关的理论问题与研究历程，并进行总结。

2.1 住区规划相关研究

2.1.1 可持续发展住区规划的相关研究

　　张彧博士、吴明伟教授、王平易博士等国内学者对可持续发展住区规划的相关理论进行了研究，认为该理论开始于 20 世纪 60 年代，其内容大致可分为三个阶段：早期建筑师的零星探索阶段，20 世纪 90 年代后可持续发展社区行动计划（大多是各国政府积极参与下制定的）阶段，以及近年颇具盛名和世界影响的新城市主义理论与实践阶段。较为系统和普遍的理论主要集中在欧美国家，少数亚洲国家也进行了积极的探索，如中国、日本、韩国、印度等。

　　（1）各国政府对可持续发展建设的积极推动

　　1）北美洲可持续发展社区建设

　　1993 年，美国出台《可持续发展设计指导原则》（The Guiding Principles of Sustainable Design）（以下简称《导则》），对自然与文化资源、基地设计、建筑设计以及能源利用、供水及废物处理等方面的可持续含义进行了界定和阐释。

　　在《导则》中，可持续发展的设计被定义为一种哲学，即人类发展应体现节约原则，并应积极应用和创新这种原则。其内容丰富，包括重视对设计地段的地方性、地域性的理解，延续场所文化脉络；针对当地的气候条件，尽量应用可再生能源；增强适用技术的公众意识，采用简单合适的技术；尽可能使用可再生的地方性建筑材料；体现建筑空间使用的灵活性；减少建造过程中对环境的损害，避免环境破坏、资源浪费。

　　具体到住区建设方面，《导则》认为可持续住区建设可分为三种类型，即适宜居住的社区、健康的社区、可持续发展的社区。其中"适宜居住的社区"是 1999 年政府报告主要内容之一，该报告认为："进入 21 世纪以来，社区是最精明的发展方式，但并不是新世纪出现的新方法，它是建立在一些极为传统和经久不变的价值观基础上，是美国走向更为繁荣的全新起点。"该类型住区的主要目标是建设多样化、可选择的社区，并赋予社区持续繁荣和日益生长的经济机会。每个社区均各具特色，社区本身可决定其更好发展,而政府的职责在于提供信息和帮助(包括工具、资源、合作等方面的帮助)。健康城市(社区)计划是由世界卫生组织提出的,并成为一种全球化的行动。美国健康社区行动的具体目标是推广健康的概念,涉及社会、经济、心理和福利等方面,也包括相关的系列行动、计划和政策等。城市的非理性发展造成了用地的不可持续、田园景观破坏、能源消耗、交通噪声及空气污染等一系列问题,催生了可持续发展社区建设理论。至 2005 年,美国共有 41 个城市和城镇率先在可持续社区行动方面进行了积极实践并取得了较好成果。西雅图为建设可持续社区制定了一套发展指标,用来评价全世界的可持续发展水平,并预测和监控城市的未来发展以及正在监控和加强的各项条款。

加拿大国际发展机构(CIDA)面对环境与健康、包容与发展等问题,建立包含五大支柱(CLDA,1991)的可持续发展框架,即:环境的可持续性、经济的可持续性、政治的可持续性、社会的可持续性和文化的可持续性。逐步实现了在可持续发展和减贫框架下发展绿色经济、建设绿色住区、建构绿色生活。

2)西欧国家政府对可持续发展社区的推动

英国、荷兰、德国等西欧国家政府也认识到可持续住区建设的必要性、紧迫性,积极制定相关政策推动可持续发展住区建设。比如英国政府环境、交通与区域部(DETR)提出了包括资源消耗低、当地环境资本得到保护及增强、高质量的城市设计、社区决策参与、社区经济活动等在内的"可持续发展住区"评价标准。德国作为对"生态环境保护和绿色运动"做出重要贡献的国家,在可持续住区建设及生态技术研究一直处于世界领先位置,特别是在太阳能等可再生能源的研发方面取得了比较成熟的经验,其光电板的生产能力可以满足世界上 1/3 的市场需求(达到 50MW 的水平);并在世界上最早推行环境标志制度,至今实施"蓝天使"的产品接近 10000 种,约占全国商品的 40% 以上。此外,荷兰在资源极其有限的条件下采取了一系列卓有成效的国家规划和管理政策,特别是在土地再造系统、城市发展控制、人口分布调控等 3 个主要问题上进行了有效的探索,避免了高密度集聚所造成的建设环境混乱。

3)亚洲国家政府的推动

日本在可持续发展社区的研究和实践方面积累了较多经验。日本建筑学会的《可持续发展设计指南》(1996 年)(JIA:Sustainable Design Guide)中对可持续发展的内容进行了详细解释,包括减少热量散失、最大限度地利用自然通风、使用耐久材料、建筑的更新及重复利用等方面。

(2)国外建筑师的研究及实践

张彧博士系统梳理了国外建筑师在可持续发展住区方面的研究历程及实践概况,提出了按时间划分的"四个阶段"理论,即 20 世纪 60 年代前、20 世纪 60 ~ 70 年代、20 世纪 80 年代、20 世纪 90 年代以后,并对每个阶段的特征、研究内容、实践效果等做出了评价。他认为20世纪60年代前是建筑师的早期零星探索，比如富勒提出"少费多用"概念并创造了狄马西昂住宅，融会了"动态"、"最大化"和"张力"三个词义，并利用太阳能和电池实现能量自给，为此后诸多建筑师依靠技术手段来解决环境破坏问题并遏制社会不良现象提供了理论依据。特别是太阳能建筑技术日益受建筑师青睐，美国麻省理工学院在马萨诸塞坎布里奇陆续建造了多栋太阳房，进行了多方面的尝试。虽然这些太阳能试验建筑的寿命不长，但这为之后太阳能建筑的发展做出了巨大贡献。20世纪60～70年代是注重"自然和生态设计"的繁荣时期，建筑师进行了自维持住宅（Autonomous House）、社区规划、建筑生态学、完全自给型城市住宅等多方面的科研和实践，较好地应用生态系统观点对人-地关系进行了解释，提出了"设计与自然相结合"、"建筑学与生态学相结合"等观点，对以后的生态建筑、绿色建筑设计起到了较好的启发作用。

20世纪80年代是"注重生态的设计"的发展时期，掀起了盖娅运动并签署了《盖娅住区宪章》，明确了盖娅住区的设计原则，即为星球和谐而设计、为精神和平而设计、为身体健康而设计的"三大"原则。建筑师对千篇一律的现代建筑提出了疑问，转而关注建筑的历史性和地域性，并造就了大批乡土建筑师；这在第三世界国家表现的尤为突出，如马来西亚的杨经文（K•Yeang）、印度的查尔斯•柯里亚（c-Correa）、埃及的哈桑•法赛（H•Fathy）等。他们的作品在根植于地方文化、技术的同时，突出对气候因素、地理环境、历史文化传统及经济状况的关注，设计出大量适合普通百姓居住并由居民广泛参与建造的节能、美观且适应地域气候、凸显地域文化的建筑。

20世纪90年代以后，受新都市主义、精明增长等思想影响，社区的生活设施、生长边界、公共空间、交通与道路、资源利用与生态等方面日益受到重视。传统"邻里"（TND）开发模式、交通导向型（TOD）开发模式等受到学界和市场的热捧，高密度、传统式、小尺度和轻切近人等住区设计思想得到认可并发扬光大，特别是紧凑（compact）、功能复合（mixed use）、适宜步行（pedestrian-friendly）、珍视环境（environment caring）及可支付性（affordable）等思想被公认为生态化设计和可持续发展思想在社区设计和发展、邻里改造等方面的具体体现。

2.1.2 社区规划相关研究

从"住区规划"发展到"社区规划"是规划理念的一大飞跃。对于这两者的区别与联系，不同学者有不同理解。徐一大及吴明伟（2002）等学者认为，我国翻译Community Planning的常用表达方式为"住区规划"，而其标准的中文翻译应为"社区规划"，前者主要被城市规划设计、建筑设计、景观设计等领域引用，而后者则常主要被社会学界、地学界引用。在城市住宅产品的开发过程中，两者是密切相关的，社区规划是住区规划的依托与归宿，而住区规划作为社区规划过程中的一个阶段，是社区规划在物质、空间层次上的表现形式。王平易及邵晓光（2002）、董睿及李泽琛（2004）等学者认为住区规划是一种自上而下的理性规划，物质规划部分一直是住区规划的核心，对非物质层面因素考虑较浅；而随着规划师对人类居住环境关注的宽度与深度的发展，特别是相关学科的理论及方法不断渗透至规划学科，规划师的视野及思考问题的角度不断拓宽，地域、人口、区位、结构和社会心理等社会要素不断地渗透到住区规划实践中，社区的概念和理论亦逐步被借到城市规划中。因此，从住区规划到社区规划的演化是理论层面和实践层面的一个飞跃。

1. 国外社区规划研究概况

早在 19 世纪 80 年代，德国学者滕尼斯提出社区理论，出版专著《社区与社会》，标志着社区理论的诞生。随后该理论从欧洲传入美国，并在 1920 ~ 1950 年间进入了兴盛期。该理论对美国芝加哥学派的人文区位学产生了深远影响。1950 年以后，区位学理论的研究成果成为社区发展与规划的实践依据，并演化成为社会行动理论。该理论注重分析社区领导层、决策过程与路径、社会参与等内容及其与社区变迁的关系，其得到了相当广泛的应用。经历半个多世纪的时间，随着社区理论在住宅区规划领域的应用，在理论上西方基本完成了从住区规划到社区规划的演进。其间又有诸多的规划工作者加入到社会工作中，使"社区规划"在实践层面上逐渐丰富起来，这为后来的社区规划理论及其实践的发展奠定了坚实的基础。

随着"新都市主义"理论的提出及迅速扩散，历史传统、文化脉络、地方建筑传统、社会性、邻里感、可防御性、场所精神和生活气息等要素开始注入传统的住区规划设计中。在"新都市主义"的居住区内，人们关注居住安全与整体有机等问题，重视行道树、步行道、街角商店、公共活动区等让人感受温馨的城市社区空间。

根据徐一大（2002）等学者整理的相关资料，1990 年以来，有关新都市主义的著作有十多部，其代表人物有卡斯洛普（代表作《下一代的美国都市：生态、社区和美国梦》）、凯特（代表作《新都市主义：走向社区的建筑》）、所罗门（代表作《重建》）等。新都市主义的社区规划将传统住宅区规划理论推向前进，从关心技术层面的物质结构、设计手法等，深入到城市社会的资源合理分配与高效使用等更深层面，并更注意社区居民的积极参与，并且与城市的历史、环境进行有机整合，弥补了住宅区规划与城市社会学、历史学的脱节。

需要指出的是，社会经济的发展以及由此引起的生活观念的变迁在社区规划理论的构建形成中起到了根本性的作用。第二次世界大战后，单纯的"经济发展观"逐渐为各国所摒弃，代之以追求"社会的全面进步"。由此社区发展日益受到广泛的关注，成为解决各种社会问题的重要途径。社区规划也应运而生，它不同于战略性、技术性很强的城市规划，更多地关注基层社区的具体生活环境和居民的生活质量。两者的规划范畴、制定程序、关注的焦点都有很大不同，甚至会存在某种对立。社区规划的"亲民"本性和过程的"平民性"，特别是基层社区和居民积极参与规划，争取自身及公共利益，有时甚至是以一种抗议和斗争的形式，这反映了社区规划立足社区、服务社区的本质特点。

2. 我国的社区规划研究概况

社区规划的研究和实践在我国起步较晚。相对于社会学的研究而言，我国城市规划领域的社区规划研究也滞后了几十年。我国城市中的住区在权力高度集中的1950～1970年形成了具有自身特色的形式，带有明显的单位属性，处于"亚住区、亚社区"状态，其社区功能是所属单位高度行政化功能的延伸。因此，在国家和政府的调控占绝对主导地位的计划经济体制下，市场与民间力量几乎没有发挥作用，社区规划缺乏应有的社会基础和相应的体制支撑。从某种意义上来说，该时期城市规划中没有完整意义上的社区规划。

随着计划经济逐步向市场经济过渡（20世纪70年代末～90年代初），市场的力量已随着改革的深入而逐步渗透到社会的各个方面，包括城市住房制度的改革、服务业的迅速发展等。随着经济体制改革的展开，市场力量成为政府力量之外的新生力量介入社区，居民对居住地的选择开始朝多元化方向发展。但直至20世纪90年代中后期，这种变革还不具有较普遍的社会意义，亦未有完整意义上的社区规划。

进入21世纪以来，随着经济收入不断增长，社会结构多元分层，价值理念日趋多样，我国住宅区规划的模式演化进程明显加快，社区自治、社区绩效、社区文化等理念日益深入人心；居住社区的外部结构、外向联系等问题亦受到业界关注。首先，胡伟（2001.1）、孙施文等（2001.6）、徐一大及吴明伟（2002.4）、赵蔚及赵民（2002.6）等学者从不同角度介绍社区发展与社区规划的缘起及内容，探讨了城市规划领域的社区规划问题，分析了住区规划与社区规划的区别与联系，阐明了我国城市社区规划的演进、社区规划的原则、社区规划的内涵等问题；姜劲松等（2004.3）、钱征寒等（2007.4）、刘玉亭等（2009.3）、许晓霞及柴彦威（2010.6）等学者从不同侧面较为系统地梳理社区规划的理论、方法及技术等，并在操作层面做了初步探讨和反思。其次，吕海虹硕士（2001.6）、徐大一博士（2002.6）、沈锐硕士（2004.6）、李慧栋硕士（2007.6）、曹书乐硕士（2010.6）、黄杉博士（2010.6）等分别从和谐居住、公众参与、公共政策、文化构建、规划方法与技术等角度出发，撰写学位论文探讨城市规划领域的住区规划（或设计）问题，对规划理论、方法及对策等均做了较好研究和总结，也把该领域的研究推向新的层面。再次，2002年中国城市规划年会（厦门）、河南省土木建筑学会2010年学术年会、第九届国际城市规划与环境学术会议（2010年广州）等国内外会议均把社区规划作为专题加以讨论，进一步推动该研究向纵深方向深入。

在零散研究、会议研讨、引进吸收再创新的基础上，社区规划的著作陆续出现，且社区规划课程被部分高校列入大学（或研究生）教育计划，推进该类研究进入一个新阶段。《社区发展规划——理论与实践》、《都市社区的微观再造——中外社区比较新论》、

《社区形象设计》、《新社区与新城市——住宅小区消逝与新社区的崛起》等一批著作初步系统地梳理了我国的社区规划理论，并对相关的实践作出了探讨。这标志着我国社区规划理论的基本形成，并在实践过程中接受修正并日趋完善。

2.1.3 低碳住区规划相关研究

2009 年 12 月 19 日，哥本哈根《联合国气候变化框架公约》缔约方第 15 次会议落下帷幕。温家宝总理在大会上郑重承诺，到 2020 年，单位 GDP 二氧化碳排放量比 2005 年下降 40% ~ 45%。此后，低碳问题迅速成为国内最为热门的话题之一，引起各行各业高度关注。"低碳住区"、"低碳城市"、"低碳交通"、"低碳经济"、"低碳社会"等题目在原有零散研究的基础上，迅速成为相关行业研究的热点。

不同学者对低碳住区的定义有所不同。从低碳经济角度进行定义，低碳城市住区是在低碳经济模式下的城市住区生产方式、生活方式和价值观念的变革。从减少碳排放的角度进行定义，低碳住区指在住区内除了将所有活动所产生的碳排放降到最低外，也希望透过生态绿化等措施，达到零碳排放的目标。从城市结构关系的描述出发，当代城市土地开发主要体现在住区的建设上，住区的结构是城市结构的细胞，住区结构与密度对城市能源及二氧化碳排放起了关键的作用。从可持续发展的概念出发，在可持续住区和一个地球生活社区模式的倡导下提出低碳住区建设模式，以低碳或可持续的概念来改变民众的行为模式，来降低能源消耗和减少二氧化碳的排放。郭培宜（2011.2）认为，低碳住区就是以减少能源消耗获得更多的经济利益思想为核心，通过在住区规划建设以及住宅建筑中应用低碳技术，并通过各种政策和法规来引导人们形成生态环保的居住生活方式的现代住宅区。

（1）国外低碳住区规划研究及实践

国外关于低碳城市发展及低碳住区的研究主要集中于欧洲国家、日本、美国、澳大利亚等发达国家。

1）欧美国家低碳住区规划研究及实践

在 20 世纪末，英国建筑研究所（BRE）较早开始研究低碳建筑住区，并在 1990 年提出了"建筑研究所环境评估法"。之后，不少国家和研究机构相继推出了针对不同类型建筑的可持续发展评估标准。USGBC（美国绿色建筑委员会）于 1993 年建立了 LEED（美国能源和环境先导）认证体系，并成为各国建立各自可持续性评估标准的范本。该体系分为五大体系，分别为新建建筑（LEED—NC）、核心与外观（CS）、现有建筑（EB）、商业建筑内装修（CI）、社区开发（ND）。其中，LEED—ND 体系是专门针对社区定位、规划设计的新评估标准，与个体建筑的评估标准不同，该评估体系着重将建筑融入社区，注重社区与社会的关系。该标准的宗旨是在 LEED 评估体系的框架下，评估并奖励以环境保护为宗旨的开发建设活动。

此外，英国的很多住宅在南面朝阳方向都设置有保温散热的太阳房，太阳房的技术核心就是利用在屋面安装的太阳能光伏采集装置，其所提供的能量保证了室内的日常采暖和充足的采光。德国则推行屋顶花园，有效地节约了地面空间，不仅美化了住区环境，而且对住宅顶层的保温问题起到了很大的改善作用。

瑞典在住区低碳实践方面位于世界前列，其目前正在开发建设的最大的综合型低碳住区是位于斯德哥尔摩东南部的汉马比（Hammarby）居住区，总建筑面积约 100 万平方米。该住区的能源循环系统大大提高了能源利用效率。在垃圾回收和能源利用方面，该居住区采用了可使垃圾分类的动力管道回收系统。分类后的可燃垃圾可以使住区供热站充分利用，为居民提供热水和室内采暖。有机垃圾则用来制备沼气，作为生活燃气供应给居民，沼气剩余物作为肥料改善住区绿地土壤品质。在污水处理方面，污水处理厂先回收污水中的热量，然后进行处理，净化后的废水再送往热力站进行二次使用。

为了达到低碳目的，汉马比居住区还十分注重引导居住者采用环保的出行方式。高效便捷的大容量快速公交系统无疑是低碳住区最佳的交通方式。该住区与老城区的联系主要依靠快速公交、轻轨系统和水运公交系统，居民出行便利，减少了过量的私人汽车出行。需要指出的是，在低碳住区规划及建设方面，欧美国家之所以取得较好成绩，除了其科研方面走在前面之外，还有一个主要原因就是这些国家将低碳住区建设定位到国家发展战略层次，从国家自身情况出发，在科技、政策到经济各方面为其提供服务，确保其顺利发展。

2）日本低碳住区规划研究及实践

日本作为一个地域狭小，物资紧缺的岛国，其尤为重视能源利用和资源节约。在相关研究的基础上，日本横滨设计了一个住区，其室内空气净化过程没有使用任何能源，完全依靠住宅外形上的设计形成建筑空间负压，以保证室内空气的流动，达到室内空气净化的目的。建设完成后，整栋建筑的能量有 40% 依靠太阳能，且通过独立的中水系统将室内污水进行分类处理和回收利用。

（2）国内低碳住区规划研究及实践

中国是一个环境形势严峻的国家，人口压力大，自然资源紧缺。因此，开发建设节约环保的住区已成为当务之急。

近年来，学术界对低碳城市进行了热烈的讨论，对低碳城市的概念进行了研究，其中在低碳城市的空间结构规划和城市能源结构等内容均涉及城市住区。潘海啸等对建设低碳城市的空间结构进行了研究，涉及城市总体规划、居住区规划等 2 个层面；在住区层面上，从街区尺度、住区开发强度、住区规模等方面分析了对低碳节能居住的影响。肖荣波等提出开展以低碳住区为基础的城市节能应用，将住区能源规划纳入城市住区规划的内容体系和设计过程中。顾朝林等提出"为实现低碳城市和住区发展，规划应该在不同的尺度有所作为"。

在住区空间层面的具体措施有：强调功能的混合使用和适度高密度的住区开发策略，打破功能分区，不同的住区组团作为城市最小功能单元，依靠步行、自行车及公共交通联系，减少小汽车的使用。城市郊区大地块、低密度的住区规划对城市结构、形态及"低碳城市"的发展均有重大影响，应重新审视《城市居住区规划设计规范》与低碳城市目标的契合。

在实践方面，我国还没有成形的低碳住区，部分以生态、低碳为目标的生态城与住区均在规划及建设当中。在我国低碳住区发展中存在若干问题，主要体现为：①低碳住区发展中的社会问题，包括全社会共同参与积极性问题、先进技术手段的普及性问题、重建设技术轻社会管理的问题等；②低碳住区发展中的经济问题，包括初期投资较高问题（比如可再生能源利用设备初期投资较高）、财政及税收等政策调控问题等；③低碳住区发展中的技术、产品问题，包括外墙外保温技术问题、部分产品存在使用寿命短或耐久性差的问题、产品的适用性问题等。

2.1.4 其他一般住区相关研究

除以上较为常见的住区规划理论外，国内外对开放住区规划理论、健康住宅规划理论、山地住区规划理论、交通导向住区开发理论、智能住区规划理论等也进行了探讨，形成了相关研究成果并在实践中得以修正、完善。

（1）开放住区规划理论

20世纪80年代初，长期从事住宅理论与设计研究的南京大学开放建筑研究中心鲍家声教授，在国内率先提出了支撑体住宅理论。他认为住宅建筑应分为不变的结构部分，即支撑体（Support Units），及可灵活变化的填充部分，即可分体（Detachable Units），这为住宅的灵活可变及公众参与设计提供了理论基础。在住区规划层面，鲍家声教授开创性地提出了开放住区规划建设理论，强调城市和住区中公共开放空间的重要意义，主张住区建设的有机生长，并尝试"母体"模块连接发展的住区规划。20世纪90年代，结合可持续发展思想，他对其住区规划理论进一步发展，先后主持了《生态住宅建设综合研究与开发》、《可持续发展住宅及生态技术集成研究》等课题，并指导其研究生完成了《可持续发展理论模型》（胡京，1998年），《绿色建筑设计初探》（孙俊杰，1999年），《应变建筑观的建构》（吕爱民，2000年）等论文，取得了丰硕的研究成果，丰富了我国住区规划理论。

（2）健康住区规划理论

张彧博士在其学位论文《可持续发展城市住区设计理论与方法研究》中，系统梳理了健康住宅的相关问题。世界卫生组织（WHO）认为，所谓健康住宅是指能够使居住者在身体上、精神上、社会上完全处于良好状态的住宅。WHO定义了15条具有国际认同度的标准，主要涉及化学物质浓度控制、建材的化学物质构成控制、性能良好的换气设备、室内温湿度调控、二氧化碳浓度、悬浮粉尘浓度、噪声及日照等。而美国健康社区建设的目标是推广健康的概念，涉及经济、社会、心理、环境、福利等方面，同时包括一系列行动、计划和政策。

我国住区规划理论研究人员普遍认为，健康住宅不仅包括与居住相关联的物理量值，如温度、湿度、通风换气、噪声、光和空气质量等，而且还应包括主观性心理因素值，如平面空间布局、私密保护、视野景观、感官色彩、材料选择等。

2001 年 10 月，国家住宅与居住环境工程中心组织跨行业科研设计部门共同研究编制完成《健康住宅建设技术要点》。与此相匹配，相继编制完成《健康住宅评估因素及评价指标体系》、《健康住宅实施管理办法》等文件。此后根据实践情况，又完成了《健康住宅建设技术要点》（2002 年修改版）和《健康住宅建设技术要点》（2004 年版）的编制工作。最终明确提出了具有我国特色的健康住宅建设理念：健康住宅是在满足住宅建设基本要素的基础上，提升健康要素，保障居住者生理、心理、道德和社会适应等多层次的健康需求，促进住宅建设可持续发展，进一步提高住宅质量，营造出舒适、健康的居住环境。

专家认为，健康住宅有别于绿色生态住宅和可持续发展住宅。绿色生态住宅强调的是资源和能源的利用，注重人与自然的和谐共生，关注环境保护和资源的回收利用，减少废弃物，贯彻环境保护原则。健康住宅则围绕人居环境的"健康"二字展开，对人类地球居住环境而言，它是直接影响人类持续生存的必备条件。健康住宅是发展绿色生态住宅和可持续发展住宅的必经阶段。

（3）山地住区规划理论

以重庆大学为首的山地住区理论研究团队，在过去 20 多年间，通过学术会议、公开论文、学位论文、著书立说以及工程实践等方式，探索出独具特色的山地住区规划理论。

胡钫（2004.3）、吴奕苇（2009.6）、李俊（2010.6）等学者主要从空间结构、布局形态的角度探讨了山地住区的特色及其规划对策等问题；在剖析了现状建设和规划设计中存在的普遍问题后，分析了山地住区发展的动力机制、空间机理以及山地住区形态设计的影响因素等，并着重从外部结构、空间形态等方面提出山地住区规划设计的要求。成受明及李和平（2002.11）、聂晓晴等（2008.10）、朱理东（2010.6）、欧阳秋实（2011.5）等学者主要从环境响应机理及生态化设计对策等角度，探讨了山地住区开放空间规划、环境营建（含环境识别性设计等）、生态设计与管理对策等问题。许华华（2009.5）系统探讨了山地住区节地型规划问题。西北大学的杜洋（2010.6）系统探讨了山地型住区规划的堪舆学及风水理论。黄海静等（2000.5）、张驰等（2011.6）探讨了山地住区的活力、可持续性及其地域性营造策略等问题。可见，山地住区规划理论得到了广泛探讨并取得丰富成果，充实了我国住区规划理论。

（4）绿色住区规划理论

西安建筑科技大学周若祁教授及绿色建筑研究中心在国内较早深入地开展了绿色建筑及绿色住区的相关研究。1993 年，西安建筑科技大学以"黄土高原枣园村"的规划设计实例，参与了 UIA 第 18 届"探索可持续发展的社区方案"的国际设计竞赛，并获奖。此后，该校成立了绿色建筑课题研究小组，积极推动绿色建筑在我国的研究和实践。1996 年，国家自然科学基金委员会正式将"绿色建筑体系与人类住区模式"列为"九五"重点研究项目。经全国权威专家评审通过，最终确定由西安建筑科技大学承担"黄土高原绿色建筑体系与基本聚居单位住区模式"的重点研究项目。该校绿色建筑研究中心对传统窑居进行了详细改进，在延安枣园村建立了绿色建筑试验基地，并建立起一批新型窑洞民居。1999 年课题组将自己的研究成果归并总结，出版了《绿色建筑》（1999 年）一书。该书系统阐述了绿色建筑与生态环境、经济、法律等的关系，包括从现代建筑走向绿色建筑，绿色建筑体系的构成与特征，绿色建筑设计、评价及理论与实践示例等内容；而且，还对太阳能在建筑中的应用、建筑节地、建筑环境控制与节能技术、城市污水与垃圾资源化等专题进行了较为系统的阐述。此外，该书也较好地论述了可持续建筑与绿色建筑之间一脉相承的关系。

（5）智能住区规划

近年来，随着信息产业在城市规划与设计上的应用，住宅智能化有了长足发展。为使社区获得更高的安全性，设计了包括访客可视对讲、门磁开关报警、防盗红外探测、感烟及感温探测器报警、紧急呼救报警、可燃气体探测器报警等安全防范系统。在通信上实现了电话、电视、局域网、国际互联网、电子邮件、电子商务等综合信息服务。住宅内部可按要求对空调、照明、电视、音响、电热器等设备进行设定和控制。这种智能化的住宅给人们带来了便利、健康、安全、高效、宁静和舒适的新型生活方式。随着城市住宅区智能化程度日益提高，城市住区规划设计的原有方式得以改进，人们的工作环境得以变革。

刘凤明及黄仁等（2001.2）、连建社（2002.2）、王树亮（2003.6）、尹金玉等（2004.1）、林少培（2007.4）、王薇（2008.5）、郭志霞（2011.7）等人分别从智能住区（或小区）的概念内涵、规划要点、系统设计、系统节能、指标体系、管理对策等角度，探讨了智能住区的规划及管理等理论。而张公忠等（2005.12）则在研究智能小区规划与设计理论的基础上，编制了《中国住区智能化技术评估手册》，既沉淀了国内外学者在该领域的研究成果，也为我国智能住区规划建设提供了技术参考。林少培编写的《智能居住小区的规划与设计》，分析了智能居住小区的体系模型，并具体讨论作为智能住宅的基本单元"家庭网络"的模型，智能居住小区各系统的构成与设计，列举了智能居住小区的设计实例等。可见，智能住区（或小区）理论在我国得到广泛重视，并取得了相对完善的成果。

2.2 回族住区及其规划的相关研究

2.2.1 国外穆斯林住区研究

由于在文化习俗、建筑形制、居住环境、社会建构等方面，我国回族聚落与国外穆斯林地区具有千丝万缕的联系，在诸多方面具有一致性或紧密相关性。因此，分析国外穆斯林地区的住区模式、规划范式、发展机理及其影响因子等，对深入研究我国回族住区的规划方法、设计理念等具有重要的理论意义和参考价值。

国外穆斯林住区的相关研究起步较早，涉及领域亦较广，研究角度各异，且各领域间出现了交叉研究、渗透研究现象。特别是进入 21 世纪后，一大批历史、文化、经济、社会、生态等研究领域的专家涉足伊斯兰社区（或住区、街区）的研究，拓展了本领域的研究视角。

1997 年，纽约州立大学环境科学与林业学院的 Becerra, Alfonso 完成学位论文《Cultural landscape conservation：The albayzin in Granada, Spain》，以西班牙格拉纳达地区为例，从特定环境、空间要素、建筑形式、文化元素以及穆斯林社区和聚落的打造与维护等角度，初步探讨了传统伊斯兰城市的价值理念继承与伊斯兰文化景观保护问题。

1999 年，美国宾夕法尼亚大学的 Ba-Ubaid, Ali Yeslam. 博士系统研究了影响当代穆斯林环境保护和环境设计的道德基础，并以沙特阿拉伯为例，分析了其建筑景观、环境符号及庭院花园等城市环境规划与设计因子的传统精髓、现代语境、宗教适应及其蕴含的价值理念等，对未来穆斯林地区的环境设计实践提出了思考与对策，最终形成博士论文《Environment, ethics, and design：An inquiry into the ethical underpinnings for a contemporary Muslim environmentalism and its environmental design implications》。

2000 年，宾夕法尼亚州立大学的 Alomar, Mohammed Abdulrahman 博士在长期观察与思考的基础上，完成博士论文《History, theory and belief：A conceptual study of the traditional Mosque in Islamic architecture》。通过探索历史真相及梳理理论脉络，分析了传统伊斯兰宗教建筑的文化和环境因素，深刻阐释了新穆斯林社区中心的形成机理及自稳定规律等，指明了清真寺等宗教建筑与周边住区、路网的互动关系，提出了伊斯兰建筑传统的确可以被定义，其建筑形式、空间肌理、周边环境等也可被求解并用于指导未来的伊斯兰社区改造。

2001 年，圭尔夫大学（加拿大）的 Haque, Muhammad Munirul 跟随导师 Paine, Cecelia, eadvisorHarder, Larry B., eadvisor 进行科研项目，展开了北美伊斯兰建筑景观设计的研究。他通过矩阵分析、专家访谈、层次分析等手段，阐述了伊斯兰设计原则和社会认同、宗教信仰之间的关联性，探讨伊斯兰文化及社会特性对北美穆斯林社区园林景观设计的影响，并提出了相关设计原则及路径，形成了《Exploring an Islamic identity in North America through landscape architecture》一文。

2007 年，纽约州立大学的 Sliwoski, Amelia Helena. 撰写学位论文《Islamic ideology and ritual：Architectural and spatial manifestations》，动态分析伊斯兰的社会认知、宗教礼仪、传统仪式及生活模式等特征因子，综合解析这些因子的发展进程及其影响因素，探讨了伊斯兰思想礼仪的特征及其演进对穆斯林建筑的作用机理，进而提出了适应伊斯兰文化景观和社会建构的建筑空间表现模式、建筑结构设计手法等。

2010 年，乔治敦大学安全研究所的 Fair, Carol C., eadvisor , Gee, Michael. 等学者以英国和法国的穆斯林社区为例，在研究其政治偏执、极端主义、狭隘主义的影响因子及一体化的解决模式的基础上，提出了邻里化、渐进式的社区整合模式。

2010 年，美国西北大学历史研究所 Wright, Zachary Valentine. 博士在 Ware, Rudolph, eadvisor Glassman 等伊斯兰学者的指导下，把眼光投向西非伊斯兰社区的发展与嬗变，完成学位论文《Embodied knowledge in West African Islam：Continuity and change in the gnostic community of Shaykh Ibrahim Niasse》。他从话语的认同与归属、知识传播和整合、身份的变迁与重塑、街巷空间的改造与延续等角度入手，探讨了宏观时空与现实需求"双因素"作用下传统伊斯兰社区的演变发展与秩序重构问题。

2010 年，哈佛大学 Barnhardt, Sharon Marie. 博士撰写了论文《Essays on the impact of residential location on networks, attitudes and cooperation：Experimental evidence from India》。论文主要采用个案分析、跟踪调查、模拟论证等方法，从住房位置及相互作用、宗教社会网络及对邻居异教的包容性、居住地址（或位置）变迁对不同信仰间日常交流的影响等角度，探讨了宗教、贫困、社会认知等因素影响下的城市伊斯兰地区的住宅模式、住房公共产品分配机制及其邻里关系模式、社会网络等。

另外，Sullivan, Denis J., eadvisor Mc Donagh, Eileenecommittee member Churchill, Maryecommittee member, Bahi, Riham Ashraf 等学者较为系统地探讨了穆斯林社区妇女权益保护、现代穆斯林地区的社会公平与法律公正、民主机制建构与穆斯林公共领域的转型等问题。Jalal, Ayesha, eadvisorUeda, Reedecommittee memberManjapra, Krisecommittee member Bose, Bose, Neilesh 等学者从区域与文化自治的角度，探讨了穆斯林地区文化多元化与特色维护、伊斯兰建筑的社群主义与地域主义，揭示了穆斯林集聚区在建设现代城市中的历史地位。Arguelles, Lourdes, eadvisorOchoa, Alberto , eadvisor, El Kacimi, Said 等学者系统探讨了穆斯林移民在美国的身份转变和社会融合问题，并从空间秩序、社区建制、文化景观等角度对穆斯林社区的规划建设提出了建议。

2.2.2　国外回族社区研究

由于世界上绝大部分回族人居住在中国，仅有极少部分由于战乱、商贸、朝拜（或求学）等原因迁至中亚、东南亚等地，比如原苏联的东干人（主要分布在哈萨克斯坦、吉尔吉斯斯坦、乌兹别克斯坦三个共和国，呈现"大杂居、小聚居"）。因此，国外不少学者在研究世界回族社区时，大多选择中国回族社区，而很少关注其他国家回民的生活、生产。

对国外回族社区进行研究的有美国当代人类学家，原夏威夷东西方文化研究中心中国穆斯林研究专家杜磊（Dru .C. Gladney）。他于 1991 年出版了成名作《中国穆斯林：中华人民共和国的族群民族主义》。1998 年，他对该书进行修改后，出版了《中国的族群认同：一个穆斯林少数民族的缔造》。他运用比较研究的方法，突破了以往对回族单一社区研究的局限。他通过对宁夏永宁的纳家户、北京常营、北京牛街和福建泉州陈棣的 4 个中国回族社区的民族志调查，探讨了回族认同的多元性和认同危机，认为其是与国家权力互动的结果，具有标签化的特征。美国著名亚洲伊斯兰史专家李普曼（Jonathan N.lipman）在其著作《熟悉的陌生人》中认为，社会冲突论和文化冲突论并不足以解释中国西北穆斯林社会，充分注意到西北社会的独特二元性。美国学者玛丽斯·吉列特（Maris Boyd Gillette）2000 年出版的《在麦加和北京之间：中国城市穆斯林的现代化与消费》通过对西安穆斯林回坊的民族志调查，从城市回族的现代化和消费观念入手，探讨了文化变迁、民族关系和现代化之间的关系，重点讨论了现代化对宗教文化的冲击和影响。

苏联时期创办的《苏联回民报》（又名《十月的旗》），首次研究与宣传东干人（在苏联的华裔回民）的政治、经济、文化及居住生活。苏联解体后，东干人没有放弃报刊研究和宣传民族文化事业的传统，在东干协会的大力赞助及东干人民的慷慨支持下先后在吉尔吉斯斯坦和哈萨克斯坦分别创办了《回民报》和《青苗》两份报纸。之后又于 2001 年创办了东干族文化史上的第一份杂志《回族》，这也是中亚回族有史以来首次出版社会经济和文艺政论的杂志，掀开了中亚回族人民较系统研究本民族文化景观、人居环境、经济社会的新篇章。

2.2.3 国内回族住区的相关研究

1. 第一阶段：史志研究、概念梳理

我国关于回族住区的研究开始于 20 世纪上半叶。截至 20 世纪末，有关回族住区的研究主要集中在回族社区文化研究方面，主要针对穆斯林民居文化、回民的生活居住形态、回族建筑特征等进行了初步探索，这为以后对局部地区的深入研究奠定了基础。

回族社区的研究最早成果是 1908 年出版于日本东京的回族期刊《醒回篇》，是由当时日本东京的中国回族留学生组成的"留东清真教育会"创办的刊物。20 世纪 50 年代末开始，为了配合国家民族事务委员会的少数民族《简史》、《简志》丛书的编写，各地回族学者开展了地方回族史志的编写工作，并于 1978 完成了《回族简史》。1984 年，张庭伟撰文了《临夏回民的生活居住形态研究》，较早地研究了地域回民的居住形态。1985 年，甘肃省民族研究所完成了《西北伊斯兰教研究》的编撰工作。1988 年，马希明主编完成《西安清真大寺》。1993 年,宁夏人民出版社出版了宁夏社会科学院研究员丁国勇主编的《宁夏回族》,本书较系统地记载了该地区回族的生产力和生产关系。1994 年,杨洪安撰文《陕西回族建筑特征初探》,探索了陕西省回族建筑的特征。1995 年,马平、赖存理主编了《中国穆斯林民居文化》一书,首次较系统地记载和研究了我国穆斯林民居文化。1997 年,勉维霖主编了《中国回族伊斯兰宗教制度概论》,该书较清晰、全面地揭示了我国回族宗教制度全貌。同年,王烨撰写硕士论文《西安回民区居住环境及其更新初探》,以回民区居住环境及其更新为主要研究对象,回顾了旧城传统住区更新改造的历史,分析了中国现阶段旧城更新中存在的问题及其根源,以及传统住区的价值及更新的意义和特点,并对"保护与改造"、"形式与形态"、"居住环境的本质特征"等进行了阐述;对回民区生活居住形态、回民区在现代化进程中的变迁及存在问题进行了深入探讨,并提炼出回民区居住环境的整体特征:居住功能整合性、文化内涵、社区性和城市性,提出了回民区居住环境更新的原则和方法。1998 年,宁夏学者宋志斌、张同基主编了《一个回族村的当代变迁》一书,记载了宁夏银川纳家户村的变迁过程。

2. 第二阶段:个案深度研究、地域特色研究

进入 21 世纪后,随着民族文化保护及少数民族地区发展受到各级政府的高度重视,国内关于回族聚落(或街区、住区、社区)的研究亦日渐活跃,其研究视角日益多元,研究领域在广度和深度方面均有明显的扩展,多学科渗透研究现象普遍。个案深度研究、地域特色研究成为 21 世纪回族住区研究的重点。

2002 年,北京师范大学周尚意、朱立艾、王雯菲等发表《城市交通干线发展对少数民族社区演变的影响——以北京马甸回族社区为例》一文,探讨了高速公路等交通干线对回族居住社区及居住功能的影响,阐明了城市实体空间与民族社区相互关系,指明了城市民族社区研究在现代城市社会空间研究中的重要地位。

2003 年,西安建筑科技大学席明波完成硕士论文《伊斯兰建筑文化对西安地区回民民居的影响》。其以回民民居为研究对象,从三个部分分析了在伊斯兰建筑文化影响下回民民居的特征。第一部分,从追溯西安回民区发展的历史沿革入手,通过实际调查,对西安回民区的宗教、民族特征做了深入的分析。第二部分,针对回民区生活居住形态,从回民区的社会性、文化性、宗教性和民族性等方面对回民民居的街巷格局、住宅建筑、清真寺等进行了分析,研究了在受到伊斯兰建筑文化的影响下,回民民居的平面形式、装饰形式、图案、色彩及宗教信仰等的特点。第三部分,结合回民民居及回民区在西安古城风貌中的重要作用,讨论了回民民居及回民区的保护及更新问题。同年,马寿荣发表《都市回族社区的文化变迁——以昆明市顺城街回族社区为例》一文,以昆明市五华区顺城街回族社区为个案,进行都市人类学的考察,展示其文化变迁。在此基础上,在当前中国西部地区实施都市化和现代化过程中,对都市回族社区的发展前景,及如何处理好回族社区的传统与现代化的关系等问题,提出了自己的看法。

2004 年，汤夺先在《新疆大学学报》(社会科学版)发表论文《论城市少数民族的居住格局与民族关系——以兰州城市回族为例》，总结了影响兰州市回族居住格局变迁的因素，对其居住格局现状进行了类型划分，并分析论证了这种居住格局现状对民族交往及民族关系的影响，从而展现了一种现阶段城市新型民族关系。

2005 年，陈珊完成硕士论文《西安穆斯林聚居区居住文化与生活环境保护研究》。西安穆斯林聚居区既是旧城中心的历史街区，又是一个回族穆斯林的居住社区，有着独特的居住文化。针对该穆斯林聚居区的居住环境较为恶劣，聚居区的社区感、归属感正在减弱，整个居住区的文化正在走向衰落的现象，以西安穆斯林聚居区的传统居住生活方式与居住环境的保护为主要研究对象，以求保护整个聚居区的历史与文化环境，延续历史文化的空间意向与生活特征。

2006 年，冯柯在 2006 年中国近代建筑史国际研讨会上作了题为《西安北院门回民聚居区生活环境现状的调查报告——以北院门 180 号为例》的学术报告，对这一地区的居民的居住条件和生活现状进行记录，试图找到蕴藏在这一传统街区的生活原动力，并对该街区目前所存在的问题进行分析，试图找到更为合适的解决对策。同年，广州大学席明波在《建筑技术及设计》上发表题为《伊斯兰文化浸濡下的西安回民民居》的学术论文，阐述了回族文化多层次、多形式的复合性特征对回民民居的建筑形式、平面布局、细部特征与内部空间组织的影响。

2007 年，高占福在《回族研究》发表《大都市回族社区的历史变迁——北京牛街今昔谈》一文，探讨了随着经济社会发展该地区在用地范围、布局形式、建筑特色、文化景观等方面的演进历程。同年，张建芳、王丽宏发表《城市化进程中回族伊斯兰文化的调适和发展——以宁夏回族自治区吴忠市为例》一文，探索了在城市化的过程中，回族穆斯林的传统生活方式、宗教行为、居住景观等所受的影响，也回答了吴忠回族伊斯兰文化在城市化进程中的调适和发展问题。

2008 年，张乃利、马耀峰在《西北第二民族学院学报》(哲学社会科学版)发表题为《入境旅游对我国民族社区居民影响研究——以西安回民街为例》的学术论文。在实地调研的基础上，分析了西安市回民街居民对入境旅游的社会文化影响、环境影响和经济影响感知，以及居民对旅游业发展的态度，归纳总结了回民街居民对入境旅游影响的一般认知态度状况。

2009 年，中山大学徐红罡、万小娟在北方民族大学学报（哲学社会科学版）2009（1）发表了《民族历史街区的保护和旅游发展——以西安回民街为例》一文。论述了在经济全球化、文化多样性背景下，城市旅游为中国民族历史街区提供了生存的机会。以西安回民街为例，通过调查访谈、借鉴国内外发展案例，分析旅游对于复兴民族历史街区、打造城市多元文化的作用，为未来城市多元化发展和民族历史街区的保护及复兴做一个前瞻性的探索。

2010 年，任云英教授发表《无垣之"城"——近代西安回民社区结构探微》一文，提出了回民社区在适应国家政令及地方法规制度管理的同时，形成了以清真寺为核心，教民的宗教生活与日常生活相结合的教坊组织。教坊制度下回民小集中的空间结构后面隐藏着的是居民的行为活动与教坊的物质空间秩序、社会生活组织秩序的高度统一，即物质形态与精神生活的统一；其构成了西安回民坊巷居住和社会组织结构的特征，揭示了西安回民社区的居住空间结构与其宗教社会内部的组织秩序同构。

2010 年，崔玲玲、谢堃在首届中国民族聚居区建筑文化遗产国际研讨会上做了题为《西安回坊清真大寺建筑考察与研究》的报告。该报告以我国规模较大且古老的回民聚居区——西安回民区为例，以化觉巷清真大寺古建筑群为着手点，对其建筑形制、空间肌理、平面形式等进行了考察与分析，以期使这一建筑得到更多的重视和必要的保护。

2010 年，华南理工大学黄嘉颖博士完成学位论文《西安鼓楼回族聚居区结构形态变迁研究》。该论文以独特的视角，分析传统回族聚居区在汹涌澎湃的全球城市化浪潮及城市经济腾飞中经历的严峻考验。其聚居形态在民族与全球、传统与现代的矛盾交织中不断演变，其内部经济结构和空间形态也不断变动演进，其空间形态特色危机与传统危机不断加剧，大量城市传统回族聚居区迅速瓦解，分崩离析。面对这一紧迫形势，论文选择拥有鲜活的少数民族传统文化魅力，同时在城市化进程中面临着严峻挑战的典型城市传统回族聚居区——西安鼓楼回族聚居区作为研究主体，立足于城市规划领域，融合社会学、经济学、人类学、城市史学和空间学等学科知识，建立"社会—空间"横向维度和"历史—现代"纵向维度相交织的立体研究框架。通过透析城市繁荣现象下潜藏在经济、社会、文化和空间之间的互动关系，探究回族聚居区形态变迁的动力机制，揭示其结构形态演进的特征规律与困境根源。在此基础上，以鼓楼回族社区为例，探索面向和合发展的城市传统回族聚居区结构形态优化整合理论与方法。

2.2.4　宁夏的相关研究

宁夏是全国回族人口最为集中、回族文化最为富集的区域，也是国家少数民族政策实施的重点区域。由于地处西北内陆欠发达地区和西北诸多少数民族的交汇区域，宁夏回族自治区的改革与发展、变迁与演进、稳定与繁荣等，得到了党中央、国务院及相关研究机构、民间社团、非政府组织的高度关注。

宁夏回族的研究对象主要有回族文化、回族建筑、清真寺等。李卫东在其博士论文《宁夏回族建筑研究》中以宁夏回族建筑为对象，搜集、整理了大量宁夏回族自治区内现存的回族建筑的实证照片、测绘资料；并通过文献研究，从宁夏回族的文化特色入手，研究宁夏回族建筑发展的历史规律，进而对宁夏回族民居、回族清真寺、道堂、拱北等宗教建筑以及建筑小品、装饰、材料等进行归纳总结。提出了宁夏回族建筑的未来设计思路和改造原则，基本构建了宁夏回族建筑文化的发展思路。燕宁娜在硕士论文《宁夏清真寺建筑研究》中提到了宁夏地区清真寺建筑的基本特征，提出了保护的意义在于保护清真寺的历史价值和宗教价值，并指出对清真寺建筑的保护工作应该在宁夏宗教历史文化格局总体规划上考虑。马宗保教授从 2000 年起就对乡村回族的文化、社会等进行了多方位、多角度的研究。其作品主要有《非农产业发展与回族村庄的小康建设——单家集实地调查》、《乡村回族婚姻中的聘礼与通婚圈——以宁夏南部单家集村为例》、《乡村回族社区的权力结构及其功能——以宁夏南部的单家集村为例》等。在《单家集卷》一书中，通过对村庄社会结构中的婚姻与生育、家庭与亲属关系、非农产业、宗教生活、权利结构、文化教育等要素进行细致的调查，进而从社会阶层、职业结构、村庄边界等不同侧面对村庄变迁进行了分析，对村庄社会结构变迁中的若干理论问题进行思考，最后对今后如何推动单家集的发展提出政策性的建议。同时，马宗保教授还在文章《论回族文化中的生态知识》、《人居空间与自然环境的和谐共生——西北少数民族聚落生态文化浅析》、《视角转换与人文生态价值的时代再造——西北少数民族民俗文化中的生态价值》中，从宗教信仰、生产方式、民间禁忌、丧葬文化等不同侧面对回族文化体系中所蕴含的生态价值观念、生态经验和生态智慧等进行了描述和分析，以期对文化与环境关系问题的学术讨论及回族聚居区生态环境治理有所裨益。在文章《试论回族文化的基本精神》中，在吸收前人研究成果的基础上对回族文化的基本精神进行了概括和分析。通过对回族历史文化相关文献资料和回族经济社会活动的交互分析，将回族文化中所包含的基本精神浓缩为 4 种基本观念，即两世吉庆、和而不同、刚健自强、爱国有为。回族文化的基本精神既是回族历史文化遗产的结晶，也是回族人民走向未来的支点，对回族的文化传承和创新发展具有重要影响。

2010 年，宁夏大学李建壁完成学位论文《纳家户回族传统民居保护与更新》。论文以宁夏回族自治区规模最大最古老的回民聚居区之一的纳家户回民区为例，在分析其悠久的历史和多元化文化特征的基础上，针对回民区生活居住形态，从回民区的社会性、文化性、宗教性和民族性等方面对回民民居的街巷格局、住宅建筑、清真寺等进行了分析；研究了在伊斯兰建筑文化的影响下，回民民居的平面形式、装饰形式、图案、色彩及宗教信仰等的特点。并在对现有国内外的保护与更新实践经验研究的基础上，以调查问题、分析问题、解决问题为切入点，运用专业理论和设计方法，对传统民居保护与更新的若干问题进行了深入分析和探讨。确立了纳家户回民区传统民居保护与更新的目标，提出了保护与更新的原则与实施的可行性，并进行了具体的设计实践探讨，深化了对纳家户回民区传统民居保护与更新的相关课题的认识。其目的在于探索有效的科学方法，寻找更现实、可行、长久的保护与更新途径。

总体而言，宁夏的回族文化、清真寺、回族民居建筑等方面的研究相对较丰富，主要集中于微观建筑个体（或群体）及宏观领域的全区回民文化、回族经济社会、回族自治制度等，而对中观层面回族住区的研究尚未开展。

2.3　对本研究的启示

综上所述，国内外关于住区的研究从发展历程上来看大致可分为：可持续住区、低碳住区、健康住区、绿色住区、智能住区等。国外穆斯林住区和回族社区的研究主要集中在住区模式、规划范式、发展机理及其影响因子等方面。本书通过梳理总结国外的相关研究相关以期为深入研究我国回族住区的规划方法、设计理念等提供参考。国外穆斯林住区的相关研究起步较早，涉及领域也较广，研究角度各异，且各领域间出现了交叉研究、渗透研究现象。本书主要从特定环境、空间要素、建筑形式、文化元素以及穆斯林社区和聚落的打造与维护等角度，探讨传统伊斯兰城市的价值理念继承与伊斯兰文化景观保护，提出了适应伊斯兰文化景观和社会建构的建筑空间表现模式、建筑结构设计手法等，并对未来穆斯林地区的环境设计提出了建议。本书还研究了新穆斯林社区中心的形成机理及自稳定规律等，指明了清真寺等宗教建筑与周边住区、路网的互动关系，提出了可用传统伊斯兰建筑的建筑形式、空间肌理、周边环境等的经验指导未来的伊斯兰社区改造。从空间秩序、社区建制、文化景观等角度对穆斯林社区的规划建设提出了建议。

回族住区的研究主要集中在回族社区的文化、经济、宗教、制度等方面。现有研究大多集中于个案研究，缺乏区域的普适性；研究的学科不均衡，多见于人类学、社会学，而缺少城市规划、建筑学等偏重于回族住区的研究内容。有关宁夏回族住区的研究还仅为个案研究，缺乏研究成果的指导性、推广性等。而对于更能深刻揭示回族住区发展规律的研究以及面向快速城镇化、城乡统筹发展的回族绿色住区发展模式的研究尚未开始。同时对于规划建筑学科现有的相关研究，在与经济学、社会学、人类学等学科交叉的边缘地带依然较少涉及，还需要不断深入挖掘，增强学科之间的交流及研究方法的创新。

通过上文的梳理，基本可以得出如下几点启示：

1. 低碳、绿色住区的发展理念已经成为住区发展的必然趋势。

2. 住区的生活设施、生长边界、公共空间、交通与道路、资源利用与生态等正日益受到重视。

3. 高密度、传统式、小尺度和亲切近人等住区设计思想得以认可并发扬光大，特别是紧凑、功能复合、适宜步行、环境友好等思想得到重视。

4. 国外较为成熟的穆斯林住区的研究中肯定了伊斯兰教思想仍在深刻影响其建筑形式、空间肌理、周边环境等，清真寺在新穆斯林社区中心的形成机理及自稳定规律指明了清真寺等宗教建筑与周边住区、路网的互动关系。建构适应伊斯兰文化景观和社会建构的建筑空间表现模式、空间秩序、社区建制等是穆斯林社区规划的重点。

5. 宁夏的回族文化、清真寺、回族民居建筑等方面的研究相对较丰富，主要集中于微观建筑个体（或群体）及宏观领域的全区回族文化、回族经济社会、回族自治制度等领域，而对于中观层面回族住区的研究尚未展开。

本研究的目标是通过规划学科为主、多学科交叉的研究方式，探索适合城乡统筹背景下、快速城镇化时期的宁夏沿黄城市带回族新型住区的空间布局适宜性。

2.4　小结

作者从梳理国内外住区及其规划的相关研究出发，系统掌握住区规划的理论分类与研究历程。之后，聚焦于回族住区及其规划的相关研究，分析其历史传承与演变机理、文化内涵与外在表达、社会规制与空间形态、经济发展与环境景观等。最后，总结出相关研究的特点与不足，并得到启示。

第三章　宁夏回族住区的历史演变

3.1　回族在中国的形成过程及住居特征

3.1.1　回族在中国的形成过程

据史料记载，中国的回族先民来源于中东地区，回族作为民族共同体的形成，经历了漫长的历史过程。在中国的唐宋时期，当时的阿拉伯帝国的使臣及大批商人通过陆上丝绸之路，海上香料丝绸之路来到中国，他们不仅把伊斯兰教传入了中国，有的人还在中国定居、繁衍，形成了中国最早的回族先民。当时，在中国落户的阿拉伯、波斯等国的穆斯林，主要集中在都城长安及沿海广州、泉州、扬州及海南岛一带，从事香料、象牙、珠宝、药材和犀角等类物品的贩卖，并运回中国丝绸、茶叶、瓷器和其他商品。这就造就了回族先民善于经商的民族传统。与此同时，经营香料、药材、珠宝等成为我国回族延续千年的传统行业。

当时，来到中国的波斯商人并不比在中国的阿拉伯人少，只是被统称为大食人或阿拉伯人。随着波斯商人不断迁入、定居，与当地人通婚、繁衍，他们的人数很快就达到了50多万。他们在中国土地上受伊斯兰教义影响聚居而生，并建造清真寺，营造公共墓地，娶妻育子，繁衍生息，成为"土生蕃客"。

经过唐宋600多年的发展，中国回族先民尽管有所繁衍，宗教习俗始终不变，但远没有形成民族共同体，还缺少民族之间的政治联系，也没有得到必要的政治地位。当时的唐朝政府对蕃客的政治活动限制也很严格，蕃客的"侨居"观念也较浓，在当时的原住民眼里，回族仍然是"蕃"与"客"。

到元朝，伊斯兰教在中国发展进入了黄金时期，也是回族人数增长较快的时期，大批阿拉伯、波斯和伊斯兰化的突厥人被编入蒙古军队，成为中国历史书中"西域亲军"、"回回军"、"探马赤军"等部队。他们参加了统一中国的战争，战时从征，平时就地屯垦牧养，过着"亦军亦民"的生活。由此可推断，回族先民中，善习武，并成为回族的一个重要特征，如今天的宁夏吴忠的回族仍保有习武的生活习俗。且从沿袭千年的地名来看，回族聚居的地区，其名称仍有保留"营"等称谓，如宁夏固原的"三营"。因此，"亦军亦民"成为了回族形成过程中的一个重要特征。这一时期，回族分驻各处，以西北陕、甘、宁居多，有的则迁徙西南、江南、中原。有的充当军人，有的从事手工业、农业和商业活动，也有少数人入仕做官。回族深入到中国各地的大小城市、乡镇、农村，其社会活动遍布各行各业。蒙元时期是信奉伊斯兰教的穆斯林回族先民大批定居并落籍中国的时期。这也成为当今回族在全国范围内"大散居小聚居"特征的一个重要基础。

到明代，中国的社会经济得到了极大发展，散居在全国各地的回族穆斯林社会经济状况也相应发生了巨大的变化。在内地，陆续出现了一批回族的聚居村，其中大部分是由自元代以来军屯的回族官僚田庄发展而来的，有的则是因为人口繁衍而自然形成的。

总体上，回族是自中国唐朝以来，历经宋元至明朝形成，以波斯及阿拉伯人为主经陆上丝绸之路及海上丝绸之路进入中国，以伊斯兰教为核心，不断吸纳蒙古人，部分归信伊斯兰教的汉族人以及其他民族的人共同形成的民族。

3.1.2 伊斯兰教影响下产生的回族社会组织形式

经历了千年漫长演变过程，回族成为中国民族大家庭中的一个新民族，这个民族以教坊制度为基础，形成了回族共同体。在这个过程中，回族不断吸纳各民族的文化特征，最终形成了与汉文化、阿拉伯文化以及其他一些少数民族文化有较深融合的"和而不同"的、独特的回族文化。

一个民族的团结、统一，需要有共同的政治要求、共同的经济利益和感情上的联系。但仅有这些还是不够的，还必须借助于思想上的一致和意识形态的统一。在当时的历史条件下，回族人是以伊斯兰教的形式实现这种一致和统一的。伊斯兰信仰是回族穆斯林的灵魂和文化核心。宗教信仰深刻地影响着回族人生活的各个方面。

但是民族和信仰没有任何必然关系。在中国的民族宗教政策里，公民有信仰和不信仰宗教的权利和自由。信仰伊斯兰教才被称为是穆斯林，"伊玛尼"是伊斯兰教义学术语，就是"信仰"的意思。因此，只有"伊玛尼"才被称为是穆斯林，即指一切信仰伊斯兰教的人，并不特指某个民族，这就意味着，"回族"的身份可以世袭，但"伊玛尼"却必须要自己实践信仰来获得。

离开了伊斯兰信仰的回族人还是回族人。但却有可能是回族佛教徒、回族基督教徒、回族"卡菲尔"，而不是穆斯林。而出生于汉族或者其他非穆斯林民族的人，只要他们追求真理，信仰安拉为独一的造物主，皈信伊斯兰；并且在生活中做礼拜❶、封斋❷，实践伊斯兰信仰，那么他们就是标准的穆斯林。

3.1.3 教坊制度对回族聚居形态的影响

1.教坊制度的起源

元、明两朝的统治者，在利用回族人的同时，对之歧视、虐待，采取一些限制和同

---

❶ "做礼拜"是对穆斯林每天进行的一种宗教活动的称呼。礼拜（即拜功）是"五功"之一，是穆斯林每天都要进行的重要的宗教活动。

❷ 封斋，又称斋戒、把斋，是伊斯兰教的五大宗教功课之一。按照伊斯兰教的教义，每一位成年健康的穆斯林在这个月里，必须履行斋戒的义务。在斋月期间，穆斯林从黎明开始到日落进行封斋，除了患病者、年迈体弱者、智残者、旅行者、幼童、孕妇、哺乳妇、产妇以及作战的士兵外，成年的穆斯林必须严格封斋，即：不吃不喝、不行房事等，直到太阳西沉，才可进食。

化政策。但是，他们终究未能阻止回族的形成和发展。推究其因，教坊制度的组织保障作用是不容忽视的。

西来的回族人是带着伊斯兰教的宗教信仰迁徙来到中国的。但是，由于生活上的不够安定，新环境的强烈影响，封建势力尚未与宗教势力紧密结合，他们当时的宗教活动并不很严格，而且也都只局限在个人信仰的范围。要使伊斯兰教成为一面旗帜，将全体回族人齐集在这面旗帜下，就须建立一种组织制度。于是，教坊制度便应运而生了。

有了这种教坊制度，人们的宗教信仰得到了组织上的保障。人们的宗教活动不再局限于个人信仰的范围，而是以教坊为单位，形成了一个宗教集团，在教长的统一领导下进行活动，从而进一步巩固和加深了人们的伊斯兰教信仰。

教坊制度，又称"阁的木教坊制度"或简称"阁的木制度"，是在新中国成立前信仰伊斯兰教的人民以教坊为基本单位的一种宗教组织制度。它在回族的宗教组织中，年代最久，分布最广。

教坊包括由以清真寺为中心的一个地区的全体穆斯林所形成的独立的、地域性的宗教组织单位。其具有以下几个明显的特点：第一，教坊的独立性：凡是有十几户、几十户或几百户穆斯林居民的地区，只要人们有能力，便可以建造一座清真寺，择聘一位阿訇任教长。凡在该寺举行宗教活动的教民，都属于寺的"高目"❶，归教长所管辖，对本寺尽义务。这一区域便形成一个独立的教坊，与其他教坊没有任何隶属关系。第二，教长的聘请制：各教坊的教长由本坊教民在品学兼优的阿訇中择聘，既非世袭，也无"太爷"、"道祖"一类的称呼。受聘的教长，可以是本坊人，也可以是外坊人，但一般都不请本坊的阿訇。教长任期一般为 3 年，可以连选连聘。

从全国范围看，广大回族地区实行的基本上仍是教坊制。即使在西北地区，这种以清真寺为中心的教坊制度，仍然与门宦制度并存。造成这种现象的原因很多，其中回族"大分散，小集中"的分布特点显然是一个非常重要的因素。坊的范围不一，有数村为一坊者，也有一村一镇为一坊者。每户穆斯林必属于一个固定的寺坊，多数相沿祖辈隶属于同一寺坊。每一个穆斯林都置身于寺坊群众的舆论监督之下。因此，在这样的寺坊制度的约束下，回族穆斯林也形成了信仰、文化、习俗、行为模式的一致性。

2. 教坊的功能和作用

回族人走到哪里，便在哪里建筑清真寺，并以寺为中心聚居下来，这就形成了"小集中"的局面。清真寺是回族人民社会生活的中心，它的职能和作用是多方面的。人们不仅在那里接受宗教教育，举办婚娶、丧礼、纪念亡故先贤集会，宰牲、排解纠纷、学文习武，甚至在那里治疗疾病。因此，只要有一些人在某地建寺，就会有更多的人

---

❶　伊斯兰教称谓用语，阿拉伯音译，用以指"民众"、"教众"、"宗族"。

向这里聚集。在城市，回族人自成区域或集中住在一两条街上，如北京牛街。在农村，则自成村落或集中在村中的一部分，这在宁夏全区都较为普遍。

回族从形成、生存到发展壮大，伊斯兰文化起着十分重要的作用，但如果没有"教坊"这一具体的社会地域结构，伊斯兰文化的纽带是难以实现的，回族的形成也是难以预料的。回族的分布呈现"大分散"的地域特点，由于"教坊"的存在，通过"坊"的组织形式，把个体聚合在一起，形成"大分散、小集中"的分布格局。"教坊"的功能，是指它作为一种社区对其内部成员、回族整体及回族文化传承所发挥的作用。主要有三个作用：①个体成员的社会化以及民族群体的自我完善。个体在"坊"的组织中，传承自己的民族文化，个体的社会化进而促成了整个民族群体化的自我完善。个体得以社会化，群体或民族意识被激发，"大分散、小聚居"中的社会在文化上得以整合和维系。个体的文化传承，不是某一个人的自我行为，而是有着极强的群体性和整合型，最终实现回族群体的自我完善。②文化传承。回族文化的代际传承，主要是利用坊的社会化功能和教育，对其内部的下一代成员施加有关影响而实现的。心理传承是最强烈、最持久、最深刻的文化传承，是各种传承形式的核心和中枢。"教坊"正是通过文化传承的功能把回族群体的心理和认同意识有机地实施于社区中每个回族个体成员，实现了伊斯兰文化对回族个体成员的塑造，还通过心理传承和社会整合，把每个回族个体成员的心理意识整合升华为回族的共同心理意识。③社会约束。"教坊"的社会约束功能主要是利用坊内群体内部的信仰观、价值准则、道德规范以及坊内形成的风俗礼仪对社区成员在观念上引导，在行为上约束，使其依附于传统的行为，以保持本民族传统的文化模式及其民族发展的稳定性，同时也促进了群体内部的人际关系和谐及与外部社会的调适。在穆斯林每周五的主麻❶聚礼时，阿訇会宣讲"瓦尔兹"，以《圣训》、《古兰经》作为依据，通过解释、训导、讲读先圣的训诫，规劝人们。当"坊"内成员之间出现矛盾或纠纷时，一般由清真寺的教长或者学东，或是有名望的长辈出面化解。"教坊"对促进坊内人际关系的和谐，增强群体内聚力，促进民族文化发展都非常有效，同时也减少了社会犯罪，有利于社会稳定。

3.2 宁夏回族的社会、经济、文化特色

探析宁夏回族住区的历史演变，必然要对宁夏回族的社会、经济、文化特色进行深入了解，如图 3-1 所示。

---

❶ 主麻，宁夏回族穆斯林对伊斯兰教聚礼日的称呼。阿拉伯语音译，指公历星期五，既是各国穆斯林聚礼日，也是伊斯兰国家公休假日。以此为准，回族穆斯林称星期六为聚礼一，星期日为聚礼二，依次类推，不同于一般公历的日期。《古兰经》第 62 章第 9 节号召："信道的人们啊！当聚礼日召人礼拜的时候，你们应当赶快去纪念真主，放下买卖，那对你们是更好的。"穆斯林重视聚礼日，隆重仪式也多选此日进行。

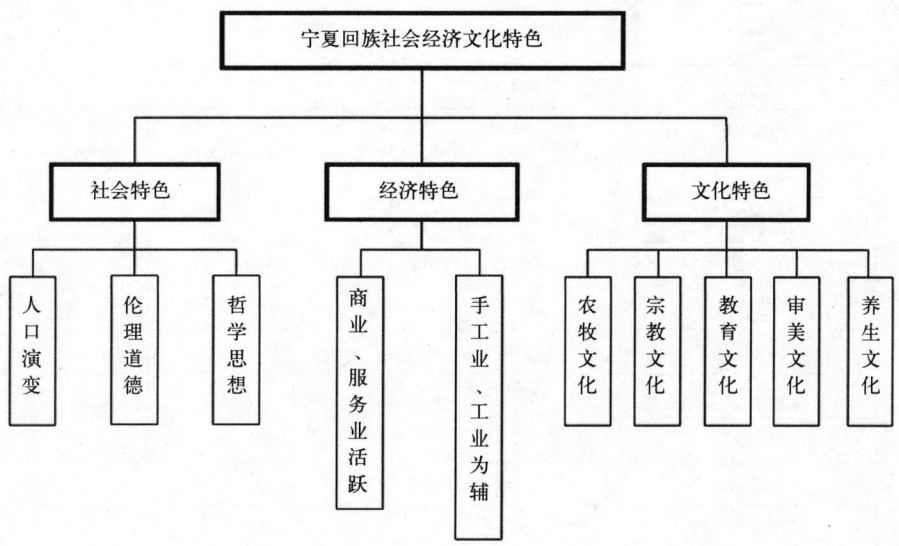

图 3-1 宁夏回族的社会、经济、文化特色

3.2.1 社会特色

1. 宁夏当代回族人口的演变

（1）新中国成立前

民国年间，宁夏回族人口增长较快，至民国二十四年（1935 年）增至 35 万，与清末的 20 万人相比，增加了 75%，既有自然增长,也有迁移增长。之后,因战争、天灾、人祸等因素影响，宁夏回族人口有所下降。民国三十四年（1945 年），国民政府内政部资料显示：宁夏回族人口降至 30.4 万，其中北部一市十县为 14.8 万，占北部地区总人口的 20.65%，占宁夏回族人口的 48.67%；南部山区七县（含同心、盐池县）为 15.6 万，占南部地区总人口的 46.79%，占宁夏回族人口的 51.33%。各地回族人口分布在总人口中所占比重与今天大体相当，表明原有人口分布状态基本延续了下来(图3-2)。从 1945 年宁夏各市县人口统计表中可看到回族人口的分布特征（表 3-1）。

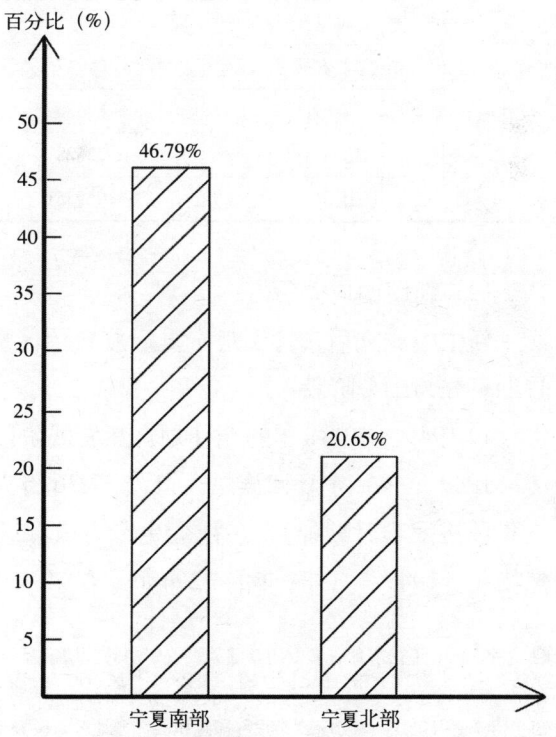

图 3-2 1945 年宁夏南部、北部回族人口占地区总人口比例示意图

民国三十四年（1945年）宁夏各市县人口数统计表　　　表3-1

地区	市县	总人口数（人）	回族人口数（人）	回族人口占总人口比重（%）
北部地区	小计	716039	147830	20.65
	银川市	38634	994	2.57
	永宁县	75581	26648	35.26
	贺兰县	64066	—	—
	惠农县	62697	31470	50.19
	平罗县	58135	—	—
	陶乐县	3367	—	—
	金积县	47736	16111	33.75
	宁朔县❶	56557	7768	13.74
	中卫县	87088	675	0.78
	中宁县	79327	1479	1.86
	灵武县	81776	34187	41.81
	盐池县	27265	222	0.81
	同心县	33810	28294	83.69
南部地区	小计	333212	155914	46.79
	固原县	128345	48935	38.13
	海原县	47712	37248	78.07
	西吉县	69947	34323	49.09
	隆德县	64680	13411	20.73
	化平县❷	22528	21979	97.56
总计		1049251	303744	28.95

（2）新中国成立后

新中国成立后，特别是宁夏回族自治区成立之后，宁夏回族人口得到较快发展。此时期可分为二个阶段：

1) 1949～1981年的无计划自然发展阶段

1949年末，宁夏回族总人口为37.26万人，20世纪50年代~80年代初（除60年代三年经济困难时期外），在社会生产方式和政府未限制人口增长的前提下，人口处于自然增长。1949～1981年的32年间，有22年人口年增长率超过3%，其中，1952年最高，

❶ 清雍正三年在宁夏右屯卫的基础上设置宁塑县，属宁夏府。中华民国二年（1913年），宁夏府改称朔方道，宁朔县隶属朔方道，归甘肃管辖。民国十八年（1929年）废道改为宁夏省，宁朔县隶之。1954年9月撤销宁夏省，并入甘肃省，设立银川专区，宁朔县隶属银川专区。1958年成立宁夏回族自治区，宁朔县归自治区管辖。1960年8月，经国务院批准，撤销宁朔、金积2县，划分宁朔县大部和金积县部分地区，设置青铜峡市。

❷ 金大定七年（1167年），改安化县为化平县，属平凉府。元初废化平县，并归华亭县，属陕西行中书省平凉府。清同治十年（1871年）置化平直隶厅。中华民国二年（1913年），改化平直隶厅为化平县，属甘肃省泾源道。1950年改化平县为泾源县，属平凉专区。今属宁夏固原市。

达 10.27%。1976 年, 宁夏回族人口突破百万大关。1981 年末, 宁夏回族人口为 120.54 万人, 比 1949 年末增长了 2.24 倍, 年平均增长 3.74%。大量不堪旧政府政权残酷压迫逃往外地的人, 新中国成立后陆续返回宁夏。据有关统计数据, 仅同心县, 新中国成立后至少有 3 万人回来, 造成这一时期宁夏回族人口增长较快。

2) 1982 ~ 2009 年的计划稳定发展阶段

由于各种原因, 宁夏从 1982 年制定了计划生育政策, 1989 年后自治区人民政府实施了人口与计划生育目标管理责任制, 依法对人口生育实行有计划调节和管理。特别是 2000 年以来, 宁夏实施激励机制的 "少生快富工程", 有效地遏止了人口的过快增长, 减轻了对经济和社会发展的压力; 实现了人口再生产类型由高出生、低死亡、高增长向低出生、低死亡、低增长的历史性转变。这期间宁夏人口生育水平持续下降, 省际迁移增幅较稳定。2009 年末宁夏回族人口增至 225.15 万人, 比 1982 年增长了 43.82%, 年平均增长率为 2.24%, 与前一时期相比, 下降 1.50 个百分点 (表 3-2)。

宁夏从 1983 年开始, 实施 "吊庄移民" 扶贫工程, 将南部山区缺水少地的贫困人口向中北部条件较好的灌区迁移。1990 年向灌区移民 5.7 万人, 到 2000 年底, 增加移民数达 35.86 万人。截止到 2007 年, 仅向红寺堡开发区移民就达 19.5 万人, 其中回族人口占较大比重。回族人口向中北部转移, 使得回族人口分布渐趋合理, 缓解了南部山区人口、环境压力, 有力地促进了宁夏的经济发展。

宁夏回族人口增长状况表　　　　　　　　　　　　　　　表 3-2

	总人口（万人）		增加人口（万人）	增长率（%）	
	期初	期末	人数	增长速度	年均增长
无计划时期（1949~1981）	37.26	120.54	83.28	223.51	3.74
有计划时期（1982~2009）	124.74	222.04	97.30	78.00	2.24

注: 资料来源: 宁夏回族自治区统计局、人口普查办公室、公安厅编《宁夏回族自治区人口统计资料汇编》, 1986 年 12 月; 宁夏回族自治区统计局编《2009 年宁夏统计年鉴》, 中国统计出版社, 2009 年 11 月。

宁夏回族人口的发展变化反映了宁夏改革开放的历程, 在商品经济和市场经济的带动下, 再加上宁夏从 "七五" 时期开始的扶贫工程, 回族人口的不断集聚发展, 回族住区的经济、规模都也在逐渐发生变化。

2. 伦理道德

(1) 社会伦理

回族伦理是回族文化的重要组成部分, 是回族人民群众精神生活的重要内容, 是构建和谐社会不可缺少的一部分。特别是对促进社会的和平安定、公平正义, 对协调各方面的利益关系，调解利益纷争，对形成社会良好风尚、道德意识，对促使各民族、各宗教之间的团结，和谐融洽相处，都缺少不了回族伦理的积极运用和参与，都缺少不了回族伦理对和谐社会所提供的价值理念支持。伊斯兰教作为和平的宗教，处处体现了"和为贵"的思想，要人们用"毛毛细雨、点点入地"的办法做好社会的协调工作，调动信教群众的积极性、主动性、创造力，使伊斯兰教作为社会主义社会的重要和谐因素，发挥伊斯兰教的社会功能、调节功能、规范功能，使回族穆斯林做一个文明的人、高尚的人、有德行的人。当代的回族伦理，要求回族穆斯林继承爱国爱教的光荣传统，发扬仁爱宽厚、乐善好施的优良品质，处理好人与人之间的关系，积极发挥穆斯林在构建社会主义和谐社会中的作用，为国家的共同目标的实现作出不懈努力。

（2）生态伦理

伊斯兰教认为，真主创造了世界万物、日月星辰，使整个大自然气象万千，多姿多彩，和谐美妙。世界有高山，有平原；有沙漠，有绿洲；有陆地，有海洋；有湖泊，有河流；有戈壁，有草原；还有空气、阳光、水和生活在地球上的无数种动植物以及其他生物和非生物。人类是其中的一员（但不是唯一的成员），而且是万物之灵长，天地之精华。受真主之托，人类将治理好这个世界，建设好这个世界，使整个世界走向繁荣昌盛，使各族百姓安居乐业。为此，人类除了处理好同类（即人与人）之间的关系外，还得处理好人与赖以生存的大自然之间的关系。

伊斯兰教在维护生态平衡、保护自然环境方面的总原则是：人与自然相依为命，共存共荣。具体要求很多，如对资源的消费要求有所节制，禁止浪费，认为浪费就是犯罪。《古兰经》中提到，"你们应当吃，应当喝，但不要浪费。真主确实不喜欢浪费者。"对于自然环境，不但匮乏时需要节约，而且富余时也不能浪费。至于对粮食和其他食物的浪费，更在禁止之列。

3. 哲学思想

回族文化的哲学思想，可以概括为"伊儒合璧"的回族哲学思想。

在明代，中国伊斯兰教的教义学家们开始自觉地寻求一种中国化的思想体系，将伊斯兰教教义思想纳入中国传统文化思想之中，以儒家思想解释和阐发伊斯兰教教义及哲学思想，即"以儒诠回"、"以儒释经"，用中国传统思想阐发和解释伊斯兰教教义思想，创建属于回族的独特的教义学体系。

3.2.2 经济特色

1. 商业和服务业

中国的回族在历史就以经商为传统，早在唐宋时期，取道丝绸之路来华的穆斯林中，就有许多阿拉伯和波斯等地的商人。蒙元时期的回族人来到中国后，继续保持了这一传统，回族人善于经商，是公认的事实。宁夏位于陆上丝绸之路的沿途，早期来过这里的穆斯林中，包含商人是有可能的。从当今宁夏回族具有突出的商业经济特征这一点看，历史上到宁夏长久定居的回族民众，显然也或迟或早地加入了当地的商业活动。

历史上宁夏回族商业的主要内容以向外销售本地出产的产品，向内购入当地群众生产生活所需物品为主。属于当地生产的，如皮毛、甘草、发菜、枸杞、粮食、油料、豆类、山货、土碱、牛羊肉、清真食品、药材、食盐等；从外地运入的，如丝绸、布匹、成衣、海味、食品、首饰、糖、菜、小农具、棉花、小五金、火柴、蜡烛、肥皂、毛巾、帽子、小镜等，当然还有回族人特需的汤瓶、吊罐、白帽、红糖、拜毡、拜毯等。商业活动的繁盛与区域经济的繁荣程度有很大关系。所以，总的来看，历史上宁夏回族的商业活动，北部川区要比南部山区活跃得多。民国时期随着近代经济的发展，回族贸易又有较大的发展，出现了一些有名的"商号"。比如吴忠从20世纪30年代起成为黄河沿岸声动数省的"水旱码头"，回族商业十分发达，当时有名的民间商号"八大家"，回族占据六席，有的甚至将分号开到了京津、苏杭等地，直到新中国成立前夕，其在宁夏工商经济中仍占据相当可观的份额。如吴忠"八大家"之一的李凤藻开设的"天城和"，灵武何义江开设的"义顺源货栈"，马振邦开设的"振永兴"，马汉武开设的"福顺安"，马顺开设的"宣德堂"，马月坡开设的"复兴魁"等。

在宁夏回族商业和服务业中，清真饮食有其独具的特色。依据伊斯兰教法，穆斯林的饮食，包含许多禁忌。在此基础上根据当地的饮食资源，饮食文化传统，再加上保留的某些外来饮食文化特点，使得宁夏回族的清真饮食自成系列和风味。清真饮食包括清真餐馆和清真食品加工两大类，产品丰富多样，如面食类：油香、馓子、锅盔、麻花、荞面团团、羊肉臊子面、生余面、麻食子、长面、荞面等；肉食类：手抓肉、羊肉粉汤、羊羔肉、羊杂碎等；饮品类：盖碗茶和罐罐茶等。宁夏回族的清真饮食，因其风味独特，用料讲究，干净卫生，诚实守信，不仅专门为广大穆斯林群众提供饮食服务，同样受汉族等其他各族群众的欢迎，所以，其发展前景广阔。

2. 手工业和工业

回族的手工业有着悠久的历史。当年，蒙古西征，从阿拉伯、波斯和中亚等地掠夺了大量工匠，供蒙古贵族和军队使役。许霆的《黑鞑事略》描写道："鞑人始初草昧，百工之事，无一而有……灭回回，始有物产，始有工匠，始有器械。盖回回百工技艺极精，攻城之具尤精。后灭金虏，百工之事于是大备。"蒙元时期回族手工业较有名的是仪器和兵器制造、城市建筑、纺织、酿造、制糖等。不过，宁夏回族的手工业，并非继承蒙元时期的传统，基本上是在当地发展起来的，是随着宁夏回族住区内城镇、集镇的发展而发展的。基于本地资源和消费需要，宁夏回族手工业在皮毛、油料、木器、柳编等加工方面，有着较悠久的传统。不过，其他行业类别也相当齐全，各式各样的店铺、作坊也无所不有，如木匠铺、铁匠铺、鞋匠铺、银匠铺、毡坊、染坊、皮坊、粉坊、醋坊、碾坊、弹花坊等。主要产品有木器、肥皂、芦席、竹席、油漆、蜂蜜、粉条、挂面、豆腐、食盐、糖醋、食油、首饰等。丰富多样的产品，基本上能够满足当地城乡人民生产生活的需要。

新中国成立初期，宁夏回族住区的工业增长缓慢，改革开放后终于迎来了快速发展时期。随着现代科学技术、管理知识技能、信息手段等的运用，尤其是社会主义市场经济体制的确立，宁夏回族自治区涌现出了一些比较有名的回族企业和企业家。如1993年成立的民族化工集团有限责任公司，1995年建成投产的夏进乳品有限公司，1998年创立的德海土畜产股份有限公司，宁夏沙湖纸业集团有限公司和宁夏紫荆花纸业有限公司等。著名的民族企业家有石进儒、丁吉文、纳洪福、马海科、马越、马跃庭等。改革开放以来，在国家优惠政策的支持和鼓励下，回族贸易也有了较好的发展。"九五"期间，宁夏全区有9个县被确定为民族贸易县，即西吉、海原、固原、泾原、隆德、彭阳、同心、盐池和灵武等县。民族用品定点生产企业共计35个。宁夏回族贸易与回族用品生产企业发展的优势条件与基础，一是伊斯兰文化特点，二是本地较丰富的自然资源，如畜产品、皮毛、煤炭、油料、豆类、石膏、陶土、发菜、药材、枸杞等。新时期回族手工业仍有发挥优势的空间，如回族匠人生产的铜制汤瓶，具有民族特色的回族服饰、新房装饰品挂毯，象征幸福吉祥的蝴蝶串等，这些都是深受回族群众喜爱的。

3.2.3 文化特色

1. 农牧文化为主

蒙元时期的回族，基本上来自城市，不可能从事农业生产。元至元十年（1273年），因受蒙古军事屯田和编民入社法令影响，有大批回族人从事农业生产。大概在元代，有更多回族农庄和农民出现，回族农业经济初步形成。元代的宁夏既有蒙古屯田，也有诸王（如安西王）封地，出现了较早的回族农牧业经济。明代，宁夏已有成片的回族农庄（回回营、村、堡），如开城、硝河、头营、三营、李旺堡、豫旺堡、韦州堡、吴忠堡、金积堡、宝丰、立岗等，这说明农业经济已逐渐成为宁夏回族的主要经济形式。

宁夏的北部为平原，得黄河水灌溉之利，历史上很早就得到开发，并以种植水稻而闻名，有"塞上江南"之称。这为居住在本区域内的回族民众发展农业经济提供了良好的条件，也有利于推动他们较早地从事农业生产。根据《宁夏纪要》记载："灵武吴忠堡一带本为荒地，经回民垦殖，始成沃土，至今蔚为本省最大市镇。"

民国时期，记者范长江在《中国的西北角》中曾这样描写当时的情况："宁夏河东之金积、灵武为回民最多的地方，尤以金积为回民最密之区，他们处处表现不一样的精神。金积内的道路水渠，没有不是井然有序的，农地中阡陌整齐，荒废之地绝难发现，对于农业之耕耘除草亦能功夫时到。"

宁夏南部山区自然条件比较复杂，地处六盘山区的泾源、隆德一带属于中温带半湿润地区，海拔高，呈现出阴湿、低湿的山区生态环境；位于典型的高原地区的西吉海原、固原和彭阳等地，地表崎岖破碎，丘陵沟壑纵横，为植被稀疏，水土流失严重的地区；同心和盐池一带则降水稀少，气候干旱，以荒漠草原和荒漠景观居多。在宁夏南部山区的自然环境下，人类生存比较艰难，但其具有某种农业和牧业条件。这一地区的早期回族部落，多分布在易于农耕的川道河谷地带，如清水河、葫芦河、泾水河和祖历河等。随着民族人口压力的增大，尤其清朝后期大量"安置"陕甘和北部山区回民，使南部山区回民村落的分布更为广泛。

宁夏南部山区的回族农业经济，长期以来一直停留在粗放水平上，基本是靠天吃饭。随着现代经济的发展，科技种田技术的推广，如地膜、穴播、套种等技术，以及化肥、农药、优良种子的使用才逐渐向集约型转变。种植的也均是一些适应干旱、半干旱气候的作物，如谷子、玉米、土豆、荞麦及其他杂粮作物。在适合牧业的地方过去也有放牧牛羊的。2000年实施退耕还林还草试点以来，开始改为圈养畜牧。同心一带多为丘陵和平原坡地，有辽阔的天然牧场，培育的滩羊和沙毛山羊是相当有名的。西吉、海原、固原等地区在传统经验基础上，成功实施了小流域治理工程，中宁、中卫、同心等地的压沙种植，对改善南部山区的农业条件，提高作物产值和农民的生活水平，都起到了极好的推动作用。传统上，农闲期间，回族农户还要经营一些副业来补贴生活，如毛线纺织，蔬菜种植，柳编，草编，蜜蜂放养，做小商贩、砖瓦工、木工、裁缝，打猎，简单的皮毛加工，采药等。从事这些活动的农民，一般都不是专职的，没有脱离农业生产。现在回族农村的闲置人员，尤其是青年人，则多出外打工，留守的基本上是妇女和老人。

2.宗教文化特色

伊斯兰教的信仰主要包括理论和实践两部分。理论部分包括信仰（伊玛尼），即：信安拉、信天使、信经典、信先知、信后世、信前定（简称"六大信仰"）。实践部分包括伊斯兰教徒必须遵行的善功和五项宗教功课（简称"五功"）。所谓的五功即：念"清真言"、礼拜、斋戒、天课、朝觐，简称"念、礼、斋、课、朝"。念功：念清真言；礼功：信仰的支柱；斋功：寡欲清心，以近真主；课功：课以洁物；朝功：复命归真；遵守五功是穆斯林信仰虔诚的基本体现。

伊斯兰教基本信条为：万物非主，唯有真主，穆罕默德是安拉的使者。这在我国穆斯林中视其为"清真言"，突出了伊斯兰教信仰的核心内容，具体而言又有六大信仰之说：①信安拉。意为要相信除安拉之外别无神灵，安拉是宇宙间至高无上的主宰。②信天使。天使是安拉用"光"创造的无形妙体，受安拉的差遣管理天国和地狱，并向人间传达安拉的旨意，记录人间的功过。③信经典。《古兰经》是安拉启示的一部天经，教徒必须信仰和遵奉，不得诋毁和篡改。④信先知（圣人）。《古兰经》中曾提到了许多位使者，其中有阿丹、努哈、易卜拉欣、穆萨、尔撒（即《圣经》中的亚当、诺亚、亚伯拉罕、摩西、耶稣），只有安拉知道他们的数目；使者中最后一位是穆罕默德，他也是最伟大的先知，是最尊贵的使者，也是安拉"封印"的使者，负有传达"安拉之道"的重大使命，因为他是被安拉派遣到人神两类的使者，只要信仰安拉的人都应服从他的使者。⑤信后世。伊斯兰教认为：整个宇宙及一切生命，终将有一天全部毁灭。然后安位使一切生命复活，即复活日来临。⑥信前定。以上前五大信仰是《古兰经》直接提出的，把信前定列入六大信仰是能在《圣训》中找到依据的。

伊斯兰教传入宁夏后，在其发展过程中逐渐形成 5 个教派，即格底木教派、虎非耶教派、哲合林耶教派、格底林耶教派、伊合瓦尼教派。这 5 个教派的基本信仰都属逊尼派，其教规律法又都崇信逊尼派的哈乃飞学派。

3. 教育文化

与中国其他民族的教育相比，回族教育有自己的特点。

首先，从历史上看，回族教育不仅包括正规学校教育的部分，同时，也包括其他非正规教育的成分。如白寿彝教授曾经指出，回族教育包含传统的家庭教育、手工业的师徒传授、经堂教育、新式学校教育等形式。也有人说，从内容上讲，回族教育包含了道德品质、科学知识、宗教礼仪、风俗习惯、劳动技能、特种工艺、医药医术等方面的训导、培养和传授。

其次，回族教育具有自己完整的体系。回族经堂教育是中国古代体系完整，水平较高的一种教育制度。经堂教育的内容涉及语言学、修辞学、教义学、教法学、圣训学、哲学、文学等众多学科，是伊斯兰教育体系在中国的具体体现。

再次，回族教育包含多种语言的教育。回族教育以阿拉伯文、波斯文教材为主，以汉语为辅，并发展出了独特的教学语言（经堂语），以及用阿拉伯字母拼写的"小经"文字。

4. 审美文化

回族是在特定的历史环境中、在特殊的历史条件下形成的一个民族。回族的先民来自不同的国家和域内不同的古代民族，他们在共同的宗教信仰中，在同汉族的长期杂居和通婚中，主动接受了中国汉族传统文化的熏陶和影响，创造性地将伊斯兰文化和中国传统文化进行了有机的结合和交融，历史地形成了一个在中国土地上诞生的新型民族共同体——回族。由两种文化的结合和交融而形成的回族文化，表现出的有别于我国其他少数民族的审美价值观，毋庸置疑地带有先进的文化思维和文化鉴赏力。

对于宁夏沿黄城市带回族新型住区的审美主要包含三个审美维度，即造型审美、内涵审美、环境审美。造型审美主要体现在院落的布局形态、空间组合及住宅建筑的形体、尺度、色调、装饰等。内涵审美体现在院落建筑规划布局的时空流线、空间组合所营造的生活氛围，以及细部处理中所采用的某些象征。环境审美则表现在院落环境与自然环境的和谐以及院落环境与住区环境的和谐两方面。

3.3　宁夏回族住区功能结构与布局形态演变历程

空间是结晶化的时间。任何住区形态的结构组织和空间特征都不会是静止的社会表达，需要历史的动态的去认识。因此，研究宁夏回族住区的结构形态变迁应当置于历史的图景中进行解读，辨析其演进发展的历史轨迹。

3.3.1　演化背景和阶段

宁夏回族住区的历史变迁，是复杂的、连续的区域社会变化过程。影响因素基本上有宁夏自然地理生态条件、政治、军事、社会、经济、人口、文化等。通过梳理，作者将宁夏回族住区的演变历史背景大致分为两个阶段：一是历史阶段，其中又可分为元代和明代回族住区的初始形成阶段和清代回族住区的重构阶段；二是现当代发展阶段，主要通过遥感测量图件的对比分析，对新中国成立后经济平稳发展时期的三个时间段（1987年、2005年、2011年）的回族住区空间结构形态与人口及经济发展的关系的进行比对分析，来诠释回族住区的空间结构形态变化和功能组成部分的演变。

1. 宁夏回族住区空间形态演变的背景和阶段

（1）萌芽形成时期

唐宋时期是回族在宁夏形成并发展的起始萌芽时期。民间有"灵州回回"传说，讲的是唐代唐玄宗天宝十四年（755年），发生"安史之乱"，玄宗避难成都，太子李亨北走灵州，在此被朔方节度使郭子仪拥立即位，是为肃宗。肃宗借在中亚一带的三千"大食兵"前来平定叛乱。安史之乱平定后，大食兵没有回国，在首都长安留居下来，趁龙灯会抢亲，娶汉女为妻。肃宗死后，大食兵在长安受到冷落，便北上灵州投奔郭子仪，最终安居下来，繁衍生息，遂有"灵州回回"。唐代借大食兵平定安史之乱，是有案可查的历史事实，并与民族间传说之"灵州回回"联系起来，值得重视。

（2）回族住区初始形成阶段

元明时期是回族住区在宁夏形成的关键时期。

1）蒙古帝国和元代——起步阶段

中亚各国回族大量进入中国，有"回回遍天下，至是居甘肃者尚多"（见于《明史·撒马尔罕传》）之说。在甘肃出现大量的回族，应与当年安置回族移民和"屯戍"事务有关。《元史·世组本纪》记载，"至元二十八年（1291年），以甘肃旷土赐回回昔宝赤哈散等，俾耕之"。《元史·英宗本纪》提到，"壬申，免回回人户屯戍河西者银税"。《元史·世组本纪》记载："至元八年（1271年）九月甲戌，签西夏回回军"。这些记载，虽不能直接断定蒙元时期今宁夏境内已有回族，但其周边一带已出现大量回族是确凿不误的。实际上，早在1278年，回族也已在今宁夏境内屯田，并在开成路（今固原市原州区开城乡）设有屯田总管府。这些屯田人（士兵）中，难以排除有回族的存在，就在元的屯驻蒙古官兵中，发生过大量皈依伊斯兰教之事，这就是历史上著名的蒙古安西王

45

阿难答率领大批蒙古人皈依伊斯兰教事件。据说，阿难答在位期间（1278 ～ 1301 年），固原开城已建有清真寺。另据《陕西通志》记载，"回回人"赛典赤·瞻思丁的长子纳速剌丁在任陕西平章政事期间，遗有"子孙众多，分为纳、速、剌、丁四姓，居留各省。故宁夏有纳家户，长安有剌家村，今宁夏纳氏最盛"。说明今宁夏永宁纳家户回族之来源，起码可以追遂至元代。元曲《狄青复夺衣袄车》和《十探子闹延安》反映的是夏宋交兵的情况，提到过西夏的"回回官兵"。

元代，来自西亚、中亚的军队是第一批有一定规模的回族人，在宁夏屯军，大都被安置在宁夏北部的平原地带，并且由小到大逐步发展为回族聚居的村落。当时的回族住区大部分在宁夏中北部，这一区域自然光热好，土地肥沃，大多数回族都学会了屯田种植。他们一边务农，一边放牧，经济的进一步发展进一步促成了更多回族村落的形成。当时的村落多选址在交通便利、易于农耕的川道河谷地带，由于聚居规模较小，基本呈现团块状布局形态，未形成较大规模的住区。

2）明代——稳定阶段

到了明代，宁夏回族的踪迹，不仅有历史文献，还有民族学资料可以证明。明代的宁夏镇有一个被称作"土达"的群体身份很特殊。从各种迹象看，他们是皈依伊斯兰教的蒙古人，"达子回回"和"回夷"应该是指的此类人。明先宗成化四年（1468 年），在今宁夏南部地区发生过土达满四率众反抗地方官府事件，证明了他们的影响力。明代的宁夏已有"回回"商人从事马匹贸易。明朝著名将领沐英的牧场在今西吉葫芦川一带，他留有"回回"兰姓、马姓 18 家后裔，后者为当地望族，今西吉沐家营就是在那个时候发展而来的。明代宁夏各地还形成了回族村落，如海原李旺、同心羊路的兹雀牧李，先世曾为蒙古人，后举族皈依伊斯兰教，李姓回民称其先世来自明代的关中；李旺、高崖山的"五百户马家"、"九百户马家"、"红山墩马家、杨家"，也称为明代老户；西吉的苏姓回族，传说先世兄弟四人于洪武年间从南京迁来，后生息繁衍，渐成当地望族，已有数千户，沿袭族内不通婚的习俗；兴隆镇单家集单姓回族先世兄弟二人于明初从山东济南府迁来，如今也成为当地望族，族内不通婚。

明代至清代中期，宁夏回族人口继续增长，形成连片聚居区域，成为西北地区乃至全国重要的回族集居地区之一。根据《中国穆斯林人口》估计，明初洪武九年（1376 年）回族人口约有 15 万。由于共同的生活习俗和宗教信仰，以及强烈的自我保护意识，回族都乐意集聚而居。同时随着明代社会经济的进一步发展，回族住区逐渐增多，并且聚居规模增大，当聚居村落达到一定规模时，回族村民就会集资修建清真寺，由此带动了宁夏各地清真寺的建立。如明代志书《嘉靖宁夏新志》、《宣德宁夏志》等记载的银川城的回讫礼拜寺、纳家户清真寺、同心韦州大寺、同心县城清真大寺、西吉沐家营清真寺、兴隆清真寺、单明清真寺、固原黄铎堡南城寺等。随后，移居的回族便围绕清真寺而居住。

由此，回族住区便形成了以清真寺为中心的聚居模式。

在北部自然条件好的地区，随着农业耕种收入的增加，回族聚居村落人口迅速增加，聚居村落规模日渐增大，较大的回族住区开始出现。清真寺作为回族居民日常礼拜的固定场所而存在。随着聚居人口的增多，宁夏南部的回族住区开始由河边、水边向山坡阳面迁移，其依山坡而建，顺应自然地形、地势，因此出现了很多台阶式多层结构的回族村落聚居，现在的宁夏南部还存在着一些此类形式的回族村落。整体空间上呈现出大规模的回族住区发展较缓，而小规模的住区星罗棋布的空间分布格局。

3）当代——空间重构阶段

如上所述，清代之前的宁夏回族住区多分布在农业耕作条件好、交通便利的北部川区地带。南部山区的河谷地带，如清水河谷、葫芦河谷、泾水河谷、祖历河谷等也有回族聚居村落。乾隆四十六年（1781年），陕西巡抚毕沅奏称："宁夏至平凉千里，尽系回庄"。表明宁夏回族聚居之地似已成片发展。《甘宁青史略》（副编卷十二）也记载，清代的固原、海原、平罗宝丰、纳家户、宁夏府城、通昌、通贵、灵州、金积、吴忠堡、同心半个城、预旺、开城、硝河等地，所谓"平罗三十八堡，金灵五百余寨"，均为回族"群居之处"，"与汉人错杂而居"。清代回族学者赵灿在《经学系传谱》中还提到同心、固原等地的经师。

然而，清代后期宁夏回族历史却出现了重大转折。清代中期（乾隆、嘉庆年间）实行鼓励生育政策，全国人口暴增，宁夏回族人口也因之发展到了70万～80万，主要分布在西吉、海原、固原、同心、金积、灵武、吴忠、永宁、平罗等地。这些地区，农业相对发达，交通较为便利。清代中晚期尤其是同治以后，由于统治阶级的腐败，社会矛盾不断深化，全国反清运动风起云涌，西北回族也掀起了一系列反清起义。清同治年间（1862～1874年）西北回民反清斗争爆发后，宁夏回族人在哲赫忍耶门臣马化龙的领导下，以今吴忠市境内的金积堡为中心，同清军展开长达9年、规模空前的斗争。起义失败后，为了防止回民起义力量卷土重来，清政府在办理"善后"过程中，将大量陕甘回民及宁夏北部川区回民安置到宁夏南部山地。据说宁夏回族总人口下降到23万左右，有许多还是从陕、甘、新安插来的。由于当地生存环境艰苦，此后南部山区回族人口一度出现负增长。根据光绪二年（1876年）的人口统计资料，宁夏回族人口仅剩10万人左右。清光绪三十五年（1909年），清廷曾进行了一次全国性的人口调查，宁夏回族人口有所增长，为20万左右。包括同心和盐池在内的南部山区的回族人口仍然多于北部，为宁夏主要回族聚居区域。

乾隆四十九年（1784年），宁夏南部还爆发过回民田五领导的反清斗争，但均在清朝的镇压下失败，其结果极大地改变了宁夏回族的居住格局。斗争失败的回族群众，除被发配到外地者外，大多被安置到生存环境异常艰苦的宁夏南部山区。至此，从宁夏回族的整体空间分布格局来讲，由于政治原因，人口成倍增长，宁夏南部山区回族住区数量增加，形成了所谓的"三边两梢一山"分布格局。"三边"指滩边、湖边和河边；"两梢"指渠梢和沟梢；"一山"即南部山区。住区分布格局在空间上开始由较为分散的分布状态向集中的趋势变化。同时期，宁夏北部回族人口骤减，住区数量减少，住区发生了重组且空间分布上开始向分散变化。处于生存危机的回族，出于自身安全的考虑，不得不进一步集聚而居，从而使回族住区的空间结构呈现出进一步的聚居态势（如图3-3所示）。

2. 宁夏当代回族住区空间分布的演变

如前所述，新中国成立前，由于历史原因，宁夏回族住区的空间分布随着人口的空间演化总体呈现"大分散、小集中"的空间形态。回族人口及住区形成自北向南逐渐增多的趋势，呈现阶梯状空间布局形态。

新中国成立后，特别是宁夏回族自治区成立之后，宁夏回族人口得到较快发展。此阶段可分为3个变化时期：1949～1981年，宁夏北部的回族住区数量和规模都在稳步发展，宁夏南部回族住区的数量和规模也在逐渐增多，仍然呈现南多北少的分布格局，并且在不断适应社会的变化，不断探索适合自己的发展道路，稳步前进。1982～2009年，宁夏南部和北部的回族住区数量都在稳步增长，加上宁夏从"七五"时期开始实施的扶贫工程，宁夏中北部的回族住区数量也在不断增多。全区回族住区的经济水平稳步提高。2010年之后，宁夏开始进入生态移民大发展阶段，此阶段是促成宁夏回族住区空间形态新一轮重构的重要时期。2011年开始，宁夏开始进入"十二五"发展时期。宁夏将对南部7.88万户共34.6万人实施移民搬迁，涉及原州、西吉、隆德、泾源、彭阳、同心、盐池、海原、沙坡头等9个县（区），91个乡镇，684个行政村，1655个自然村。规划在县内安置2.84万户，共12.11万人，占总人口的35%，县外安置5.04万户，共22.49万人，占总人口的65%。需要规划建设安置区274个，实现迁出区生态建设300万亩。自治区党委、政府的这一决策，将使宁夏回族住区的大规模空间重构，回族人口大量迁往中北部（如图3-4所示）。

图3-3　各历史时期宁夏回族住区分布简图

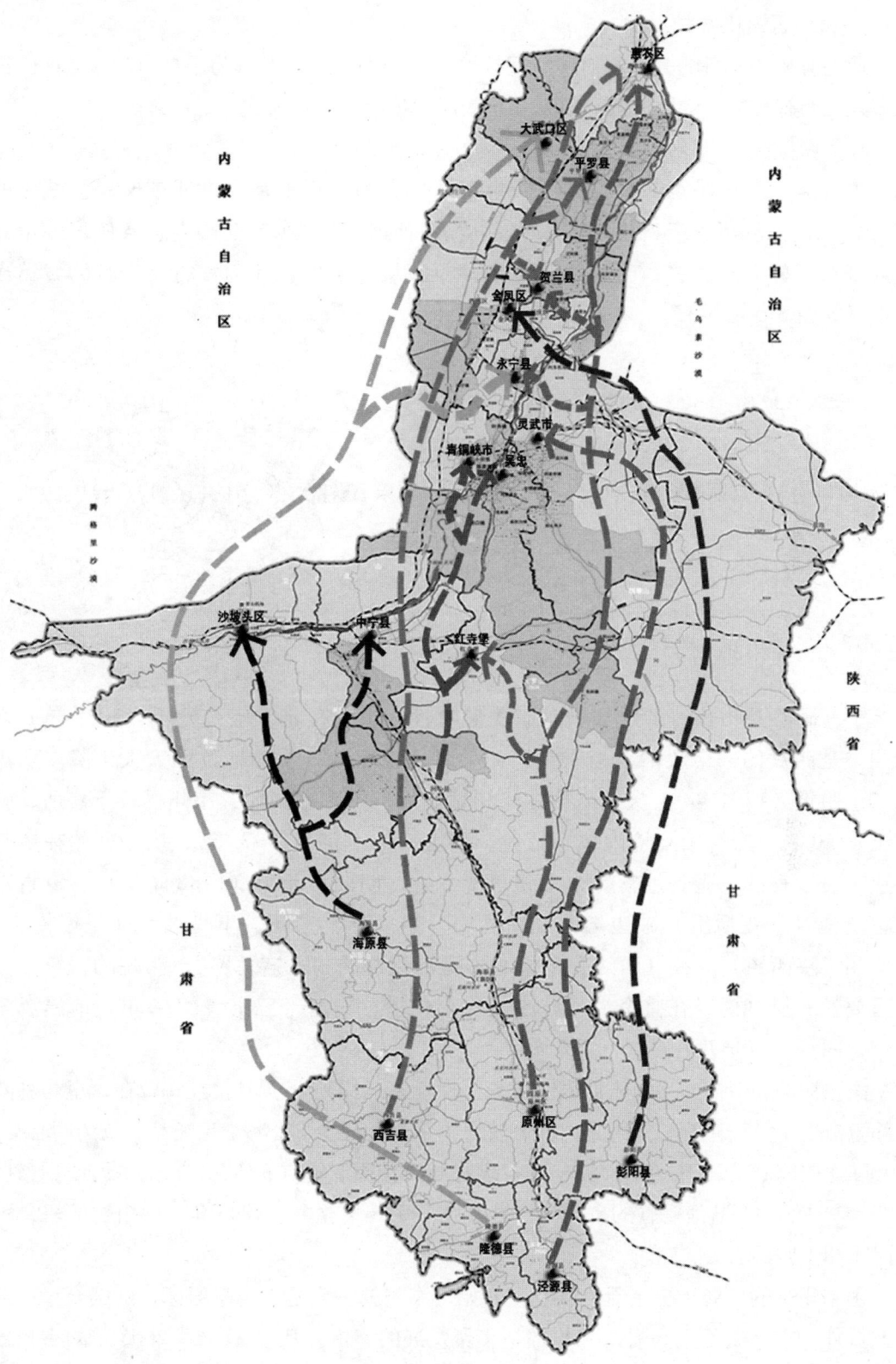

图 3-4　2011 年宁夏生态移民工程回族迁移线路图

3.3.2 聚居区演化方式

通过对相关史料的分析和对现状回族聚居区的调查，作者认为宁夏回族聚居区的演化方式主要有集聚、传染扩散、填充和重新区位扩散等 4 种形式。

1. 集聚特性

集聚是人类居民点在某地生成、生根、生长的过程，是宁夏回族聚居区演化的最典型方式。从历史资料中可以看出，从远古时代开始就有自然生态条件好的地点成为聚居区，并且历经数千年，逐渐生根、集聚、发展，成为乡村，今日的城镇或城市（如图 3-5 所示）。

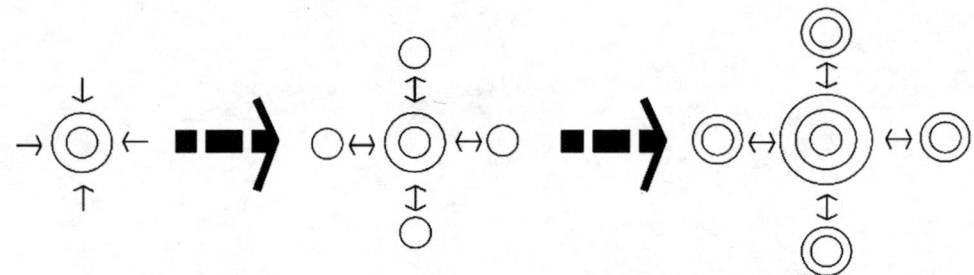

图 3-5 集聚特性示意图

宁夏同心县韦州镇的发展就具有集聚特性。韦州在北宋宝元元年（1038 年）名威州，是西夏的一个政治军事重镇。元朝时建豫王城，韦州地位则大大下降。明洪武二十四年（1391 年），庆王朱㮵在韦州城始建庆王宫室。后置韦州群牧千户所，辖军士 1120 名，专管宁夏境内军马牧苑。明洪武三十年（1397 年），庆王开始在韦州修建王府、官邸、避暑地宫等，韦州再次鼎盛。明弘治元年（1488 年）后，蒙古军由花马池（宁夏后卫）破边墙，经铁柱泉、惠安堡、韦州、下马关、豫望城南去。固原州（陕西镇）一线（西线）渐成北方鞑靼诸部的"入寇总路"，韦州的军事、交通重要性有所加强。在整个清代，韦州称韦州堡，同治十三年（1874 年）前属灵州管辖，同治十三年开始属平远县管辖。

民国初期和中期，韦州先后属镇戎县、豫旺县。1936 年 7 月，红军曾在这里与马鸿逵部激烈战斗。1938 年，国民党豫旺县政府由下马关迁至同心城，豫旺县始改为同心县，韦州随之归同心县管辖。1940 年，宁夏省政府划同心县下属的下马关、韦州归盐池县管辖。1941 年，马鸿逵赴盐池管辖的韦州、红城水、下马关等地视察。1943 年，韦州修建飞机场。此时韦州重归同心县管辖。

由韦州镇的发展历史来看，从北宋开始，韦州就一直是人类聚居区，延续至今。从自然条件和交通条件上来看，韦州都是集聚发展的案例。从 1987 年、2005 年的韦州镇空间边界变化能发现其集聚发展的趋势（如图 3-6 所示）。

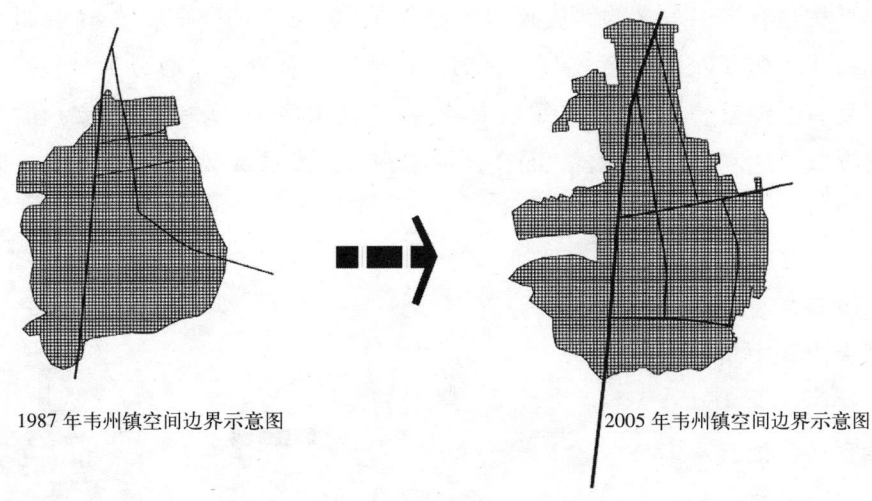

1987 年韦州镇空间边界示意图　　　　　　　　　　　2005 年韦州镇空间边界示意图

图 3-6　1987 年、2005 年韦州镇空间边界变化示意图

2. 扩散特性

回族聚居区的扩散是指聚居区对周围产生影响的过程。

（1）传染扩散

从一个聚居区向外做空间扩散，通常是渐进的、连续的过程。多数的聚居区的发展均是这一连续的过程，从最初的几户，十几户发展成为几百户的大的聚居区。多数是由于公共基础设施的共享（如共用小学）而扩散增大。宁夏自古以来堡寨居多，所谓堡子、庄子、寨子、营子、宅子均为堡寨的别称，一出大城，满眼望去，在万顷良田和无垠荒原上，到处都是大大小小的堡寨，再加上远处绵延的长城，近处一墩墩难以尽数的烽火台，一派浓郁的边塞风光。

银川平原除了有众多的军用城堡外，大多数农民也都居住在大大小小的堡子里。于是就有了马家寨子、张家堡子、徐家营子、王家庄子等地名称谓，在拆掉堡寨以后成为宁夏自然村落的地名。以"户"命名的堡寨，如中宁县的"四百户"、海原的"刘家户"、永宁的"纳家户"等。宁夏随处可见的多处堡寨即是传染空间扩散作用的结果（如图 3-7 所示）。

宁夏银川市永宁县纳家户村的发展即是如此。纳家户是一个纯回民居集的村镇，是回族在中国最早定居地之一，是纳姓家户回族最集中的镇子，历史源远流

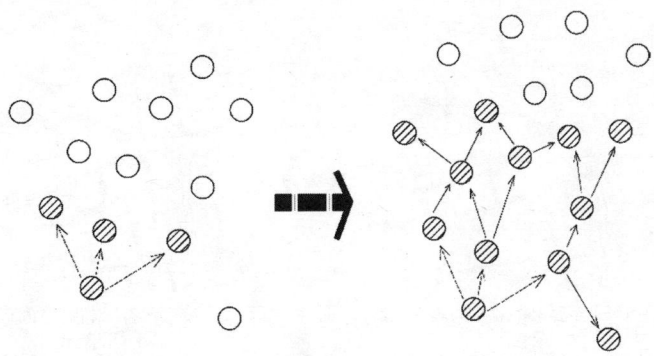

图 3-7　空间扩散简图

长，在宁夏相当有名。著名的回族政治家赛典赤·赡思丁是穆罕默德31代世孙，他的长子纳速拉丁，曾任陕西平章政事，史书上称他因子孙众多，故分为纳、速、拉、丁四姓，宁夏有"纳家户"，云南有"纳家营"，而聚集在宁夏养和堡纳家户的纳姓人最多，因此故以"纳家户"而得名。而今，纳家户村已发展成为拥有11个生产队，农户1238户，人口4400人，回族人口占98%的大型回族住区。村内建有享有盛名的纳家户清真大寺和中华回乡文化园，年接纳游客16000人以上，是宣传、推介永宁县的重要窗口。养殖业和特色种植业等已成为纳家户村的主导产业。

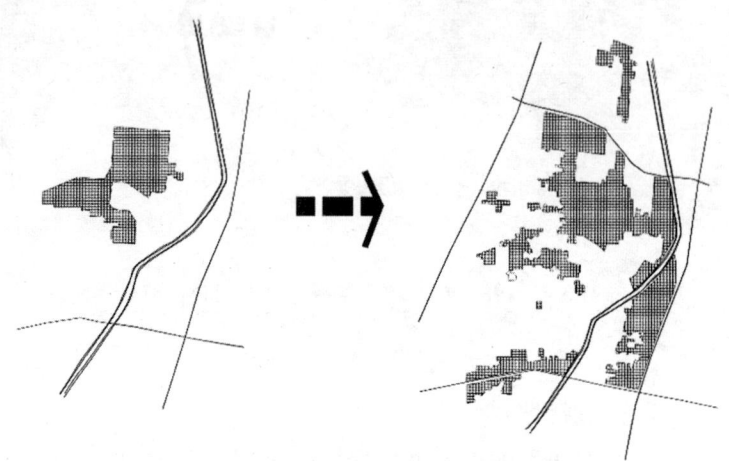

1987年纳家户村空间边界示意图　　2005年纳家户村空间边界示意图

图 3-8　1987年、2005年纳家户村空间边界变化示意图

从1987年、2005年纳家户村空间边界变化示意图（图3-8）可以看出纳家户村整体呈现扩散发展的趋势。

（2）填充

空间距离较之传染扩散影响较远的聚居区发展到一定阶段后，独立的居民点之间在相对独立的扩散，之后由于相互的吸引、行政力的外力作用或者是共享位于居民点之间的公共基础设施，相邻的居民点之间重新填充发展，逐渐连成一片。宁夏回族聚居区的发展，经过了起初的发育、集聚过程、传染扩散过程、填充过程，形成一个循环，并有可能进入下一个循环。从1987年、2005年、2011年郭家桥乡空间边界变化示意图（图3-9）可以清晰地看出填充变化的趋势，即不断地在自然村的空间边界进行填充增长，最终经历了集聚—传染扩散—填充的循环发展过程。

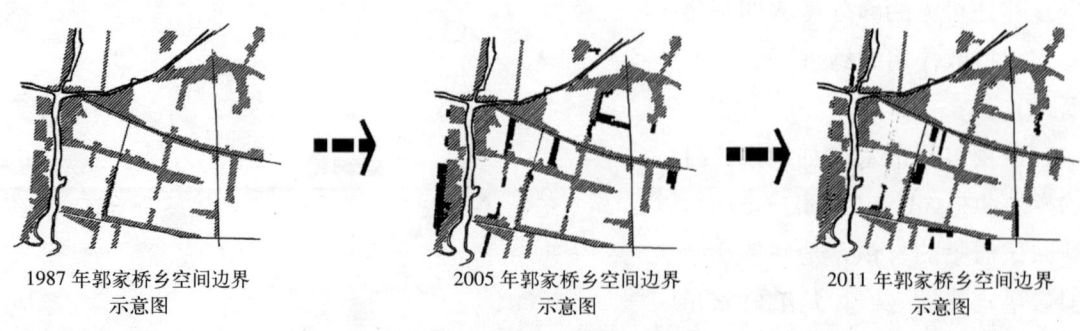

1987年郭家桥乡空间边界　　　　2005年郭家桥乡空间边界　　　　2011年郭家桥乡空间边界
　　　　示意图　　　　　　　　　　　　　示意图　　　　　　　　　　　　示意图

图 3-9　1987年、2005年、2011年郭家桥乡空间边界变化示意图

（3）重新区位扩散

宁夏的生态移民过程就是典型的重新区位扩散，即在扩散过程中，数量没有增加，仅仅发生了居民的空间位移（图3-10）。

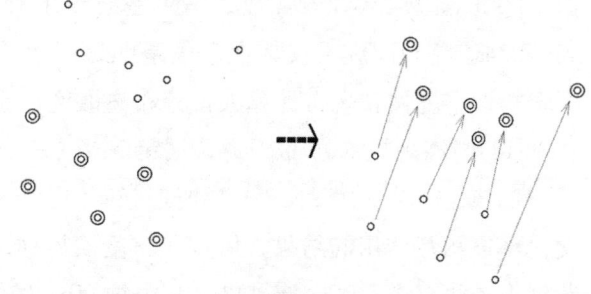

图 3-10 重新区位扩散示意图

通过以上对宁夏回族聚居区的空间演化背景及阶段和回族聚居区演化方式的分析，可以得出宁夏回族聚居区基本具有以下特征：

①由于历史原因，尤其是经历了清代末期的强制迁徙，宁夏回族聚居区分布在条件差的地方多，居住山边、河边等自然条件较为优越，交通便利的地方少。

②农牧业和手工业的发展使回族聚居区的演化发展具有了规律性和一定的规模，是回族聚居区稳定发展的前提和基础。

③宁夏回族善商的习俗一直延续，只要沿交通干道集聚的聚居区，必然发展沿干道的商业，且具有一定的规模和效益，如西吉的单家集❶。

④回汉民族融合的较好，纯回族聚居区较为少见，一般均为杂居，但回族的比例较高，回汉均能和谐相处。

⑤宁夏回族尤其是乡镇和村庄回族，自明代围寺而居的居住雏形形成后，一直延续至今，自成聚落，形成一个个明显的聚居群落或小的聚居区。回族住区居民重视清真寺在住区中的核心作用，在回族聚居区中必有清真寺。

3.3.3 演化规律

前文已对宁夏回族聚居区的演化背景和阶段，演化方式及特征进行了论述，为深化回族新型住区空间布局适宜性的研究还需要对回族住区的演化规律、特征等做进一步研究。本节主要采用航空影像测量和现场踏勘测绘调研相结合的方法，深入认识宁夏回族住区的空间形态结构的演化机制和规律特征。

1. 住区层面

住区层面的演化规律是指回族住区在宁夏区域层面上形成的主要布局方式和形态格局。这不是本研究的重点，本书仅简述回族住区的分布。

回族在全国的空间分布，有的学者将其称为不规则的"丁"字形，有的学者又将其称为"衣"字形。美国学者鲍顿和舒静以省级行政区域为单位对我国 15 个少数民族的地理分布的参差值（diversification index）进行了分析。计算的结果是回族为 0.914，在15 个主要民族中参数值最高，表明回族与其他民族相比更均匀地分布在全国各地。不相

---

❶ 单家集是西吉县兴隆镇的一个大型自然村，它位于六盘山脉西侧，县域东南端，距离县城大约 45 公里。

似值的计算以汉族为参照数，结果是回族在 15 个民族中最低，回族与汉族的不相似值为 52.34，说明回族与汉族在全国是明显混居的空间分布格局。根据全国第五次人口普查资料，宁夏按省区市计算人口分布离散度，在 56 个民族中回族（0.9121）仅次于汉族（0.9513）、高山族（0.9171），位居第 3，进一步说明回族是我国分布最广的民族之一。

回族住区分布模式是宁夏回族村镇居民与其赖以生存的自然环境、经济环境和社会文化环境相互作用的结果，体现了宁夏回族住区形成、发展及分布规律的特征。宁夏沿黄城市带共有 165 万回族人口，其中约 90% 居住在乡镇和村庄。宁夏的自然环境、农牧业生产特点、回族的生活、生产习惯及回族文化风俗形成了宁夏沿黄城市带特有的住区分布模式。

宁夏回族人口地区分布状况　　　　　　　　　表 3-3

地区	1949 年		2009 年		比重增减（%）	增长速度（%）
	人口数（万人）	比重（%）	人口数（万人）	比重（%）		
宁夏自治区合计	37.26	100	222.04	100	—	3.07
银川市	7.05	18.92	43.33	19.52	0.60	3.13
石嘴山市	3.24	8.70	14.93	6.72	-1.98	2.62
吴忠市	7.11	19.08	67.09	30.22	11.14	3.88
固原市	14.97	40.18	59.25	26.68	-13.50	2.36
中卫市	4.89	13.12	37.44	16.86	3.74	3.51

由表 3-3 可看出：1949 年，宁夏共有回族人口 37.26 万。由回族人口占总人口的比重由高到低排序，依次分布为：固原市（40.18%）、吴忠市（19.08%）、银川市（18.92%）、中卫市（13.12%）、石嘴山市（8.70%），明显呈南多北少的态势。但是 2009 年宁夏回族人口分布构成发生了明显变化，回族总人口达到了 222.04 万，且回族人口明显向中北部地区转移。吴忠市、中卫市、银川市所占比重，分别提高 11.14、3.74、0.60 个百分点，固原市和石嘴山市分别下降了 13.50、1.98 个百分点。60 年间回族人口

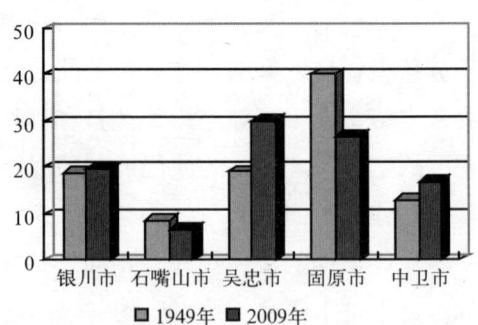

图 3-11　宁夏回族人口占总人口比重对比图

年均增长率最高的是吴忠市，达到 3.88%，其次为中卫市（3.51%）、银川市（3.13%）、石嘴山市（2.62%），固原市仅为 2.36%（如图 3-11 所示）。

从人口的变动可看出，由于政治、经济等的综合作用，回族住区经历了两次空间重

构阶段。伴随着清政府的打压政策，有了第一次的从北向南的空间重构。伴随着改革开放后的扶贫政策的实施，又有了第二次的自南向北的迁移过程，2011 年开始的大规模的生态移民迁移工程的实施，形成了宁夏回族住区的第二轮空间重构。目前在宁夏已经形成回族人口遍布各地，不仅境内所辖市、县（区）都有回族人口，而且全区 95% 的乡镇、街道都有回族人口居住；而且在一些乡镇、街道，回族人口特别集中，形成许多纯回族住区，呈明显"大分散、小集中"的特点。

从宁夏五个地市 1950 ~ 2010 年的回族人口统计来看（表 3-4，图 3-12），总体呈现稳步增加的趋势，吴忠市的回族人口最多，固原次之，宁夏北部的石嘴山市回族人口最少。同时，随着生态移民政策的实施，宁夏中北部的银川和吴忠的回族人口略有增加，而宁夏南部山区固原的回族人口呈现减少趋势。

宁夏五个地市回族人口统计表（单位：人）　　　　　　　表 3-4

	1950 年	1981 年	2009 年	2010 年
石嘴山市	29513	101568	148686	141485
银川市	41307	122068	448080	459647
吴忠市	104107	388563	683628	659316
中卫市	2765	6285	377691	385459
固原市	204114	586884	593418	545072

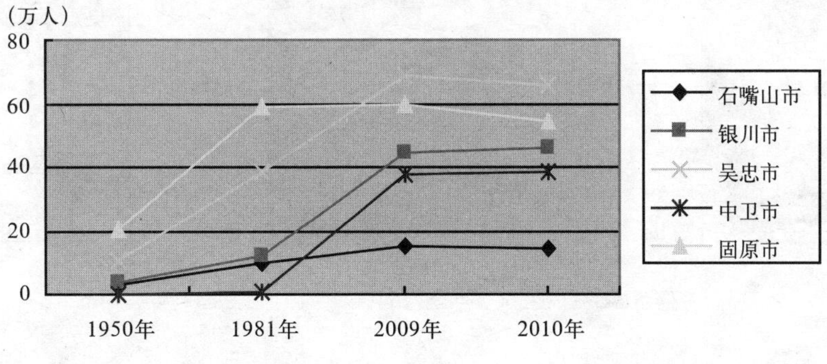

图 3-12　宁夏五个地市回族人口统计图

2. 聚居区层面

上文所探讨的宁夏回族住区发展演变是将回族住区看成一个"点"，考察这个点与周边地域即"面"的相互作用关系，而下面将聚居区作为主要研究对象来研究住区内部要素之间的关系。正是回族聚居区内部各要素之间相互作用的结果，形成了回族聚居区特有的空间布局结构及其发展模式。

回族聚居区空间布局即指住区内各类建筑、道路及自然地物在空间上的组合结构和形态，是回族聚居区地域结构、产业结构、经济要素及文化结构在空间上的表现形式。它是众多居民在某一区域居住历史的积淀，反映出一定的住区文化、住区环境和住区经济态势，也能体现出住区居民的生活价值观和理念追求。宁夏回族聚居区发展的内部演化是由住区内部的各项组成要素之间在功能上和结构关系上的发展变化所形成的。本书主要就从聚居区内的组成要素之间的功能关系及其互动，分析住区空间的相互作用关系及其演变模式。以 1987 年、2008 年和 2011 年吴忠郭家桥乡、同心韦州镇、银川永宁纳家户的航空影像资料诠释典型回族聚居区的空间布局形态和结构演变，从中找出回族聚居区发展的内在机理。

（1）银川永宁县杨和镇纳家户村（图 3-13）

纳家户村是宁夏最典型的回族聚居区，东距永宁县城 1km，北距银川市 21km，南距吴忠市 37km，是银川平原规模最大的回族聚居村落。该村有 11 个生产队，现有农户 1238 户，人口 4400 人，其中回族占 98%。纳家户村的纳姓回族为元代由陕西迁徙至宁夏，系陕西平章政事瞻思丁·纳速拉丁的后裔。《甘宁青史略》称："纳氏是纳速拉丁的后裔，于元代迁居宁夏。"今天的纳家户清真寺院内的匾额记载曰："吾家弃秦移居西夏，吾寺起建于明嘉靖年间。"

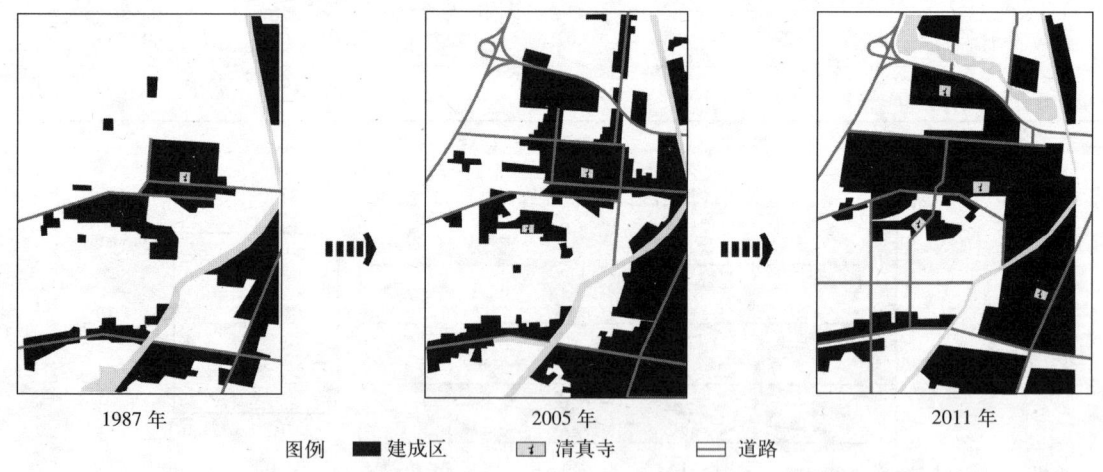

| 1987 年 | 2005 年 | 2011 年 |

图例　■ 建成区　　🕌 清真寺　　▭ 道路

图 3-13　纳家户村空间结构演化示意图

（2）吴忠利通区郭家桥乡（图 3-14）

郭家桥乡距吴忠市区 5km，东与灵武市交界，南隔山水沟与金银滩相望，西北与东塔寺乡交界。2004 年，原属灵武市管辖的郭家桥乡划归利通区管辖。2007 年底，共辖 8 个行政村，全乡总面积为 27.5km²，总耕地面积为 19800 亩。2008 年全乡总人口达到 20004 人，人均年收入达到 4690 元。2007 年全乡总产值为 5.2 亿，2008 年为 5.9 亿，乡镇主导产业为清真牛羊肉产业、鲜食葡萄产业、奶牛产业和设施农业。

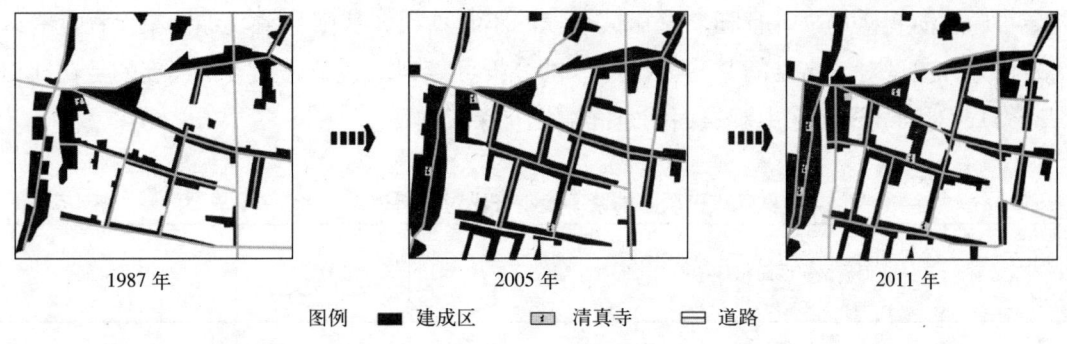

1987 年　　　　2005 年　　　　2011 年

图例　■ 建成区　　🕌 清真寺　　▤ 道路

图 3-14　郭家桥乡空间结构演化示意图

（3）吴忠同心县韦州镇（图 3-15）

韦州，今属宁夏回族自治区同心县管辖，为一座历史悠久的名镇。1949 年设四区，1956 年改为韦州区，1958 年改为星火公社，1961 年更名为韦州公社，1984 年设韦州镇。韦州镇位于同心县东部，距县城 93km，辖 11 个行政村，面积 1007km²，人口 2.2 万。其煤炭资源丰富，有丰富的大理石、石灰岩资源，是中外驰名的滩羊二毛皮和甘草产地。

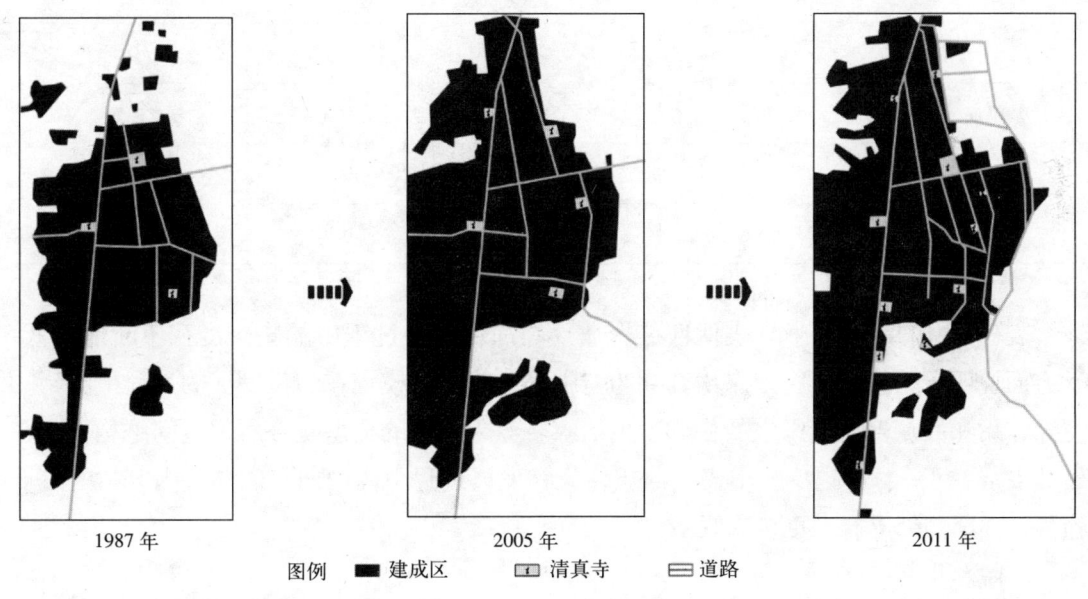

1987 年　　　　2005 年　　　　2011 年

图例　■ 建成区　　🕌 清真寺　　▤ 道路

图 3-15　韦州镇空间结构演化示意图

从对纳家户村、郭家桥乡和韦州镇三个不同规模、不同地域、不同年代的空间结构演化图（图 3-13、图 3-14、图 3-15）可以清晰地看出，回族聚居区沿道路发展的明显趋势和聚居区始终以清真寺为中心的发展演变模式；同时景观空间、商业空间均有结合清真寺布局的演变格局，并且随着聚居区规模的不断增大，其围绕清真寺的集聚程度有降低的趋势。通过对城市空间紧凑度指数 ❶ 的分析可得到回族聚居区集聚程度的量化比对（表3-5），对回族聚居区中观层面的空间演化有深入理解。

宁夏回族聚居区的紧凑度特征比对分析表　　　　表 3-5

名称	回族聚居区面积 A（m^2）	回族聚居区周长 P（m）	紧凑度 K_1	形态特征
韦州镇				团状
1987 年	3565128	7990	0.84	
2005 年	5315815	13570	0.60	
2011 年	5727685	17832	0.48	
郭家桥乡				线型
1987 年	2044271	39730	0.13	
2005 年	2505920	51837	0.11	
2011 年	2832820	58498	0.10	
纳家户村				团状
1987 年	1578287	5678	0.78	
2005 年	2701445	28049	0.21	
2011 年	3712085	23063	0.30	

表 3-5 中的统计清晰地表明回族聚居区在演化发展过程中的集聚度在不断地降低，一方面说明了回族聚居区中以清真寺为"中心"的发展模式在演化发展的过程中起到的主导作用和回族聚居区以宗教信仰、生活、就业为一体的典型复合居住空间结构一直在延续发展；另一方面也反映出当代回族住区在发展过程中由内向封闭向外向开放的发展趋势，逐渐与外界有了更多的联系。

3. 院落层面

在回族先民定居宁夏的元、明时代，宁夏地区的民居建筑已延续了一千多年。入乡随俗的回族先民很快就接受了汉民族"犹秦风之遗"的民居建筑文化。宁夏乃至整个西

---

❶　城市空间紧凑度指数 K_1，$K_1=2\sqrt{\pi A}/P$。式中：A 为城市面积；P 为城市轮廓周长。这一公式以圆形区域作为标准度量单位，圆形地物的紧凑度为1，其他任何形状地物的紧凑度均小于1，如正方形的紧凑度为0.886，地物离散程度越大，其紧凑度越低。紧凑度大的图斑受外界干扰小，更容易保持内部资源的稳定性。

北地区流行的黄土坯砌筑民居，成为回族安身定居的最佳选择。直到新中国成立前，土屋建筑仍然遍及城乡。新中国成立前，由于经济条件的限制，大部分没有形成院落，更没有规律可以遵循。新中国成立后，随着回族群众生活水平的提高，开始修建院落，此部分内容将在第四章论述。

3.4 宁夏回族住区演化特征

通过对宁夏回族聚居区演化方式及规律的探寻，将回族住区这一社会、经济、文化的历史产物进行剖析，梳理其在功能结构和布局形态方面的特征，有助于对回族住区固有特征的把握，取其"精华"，去其"糟粕"，以助于未来回族新型住区在构建中对"历史记忆"的延续传承。

3.4.1 居住分异

"居住分异"是指不同特性居民各自聚居形成的城市居住空间分化，这是城市空间结构演化过程中的重要现象。造成居住分异的主导因素很多，包括住户的社会经济地位、家庭构成、社会背景等，它们的叠置形成复杂的城市居住空间结构。"居住分异"形成低收入与中高收入阶层的各自集中，导致不同经济阶层之间的相对隔离。这种隔离造成的直接后果就是各阶层间的纵向联系减弱，贫富分化加剧。但在一种以自由市场为主要调节机制的经济模式下，城市居住空间的分异在某种程度上是一种不可避免的现象。

历史上造成宁夏回族主要居住在南部山区自然条件恶劣区域，形成回汉居住分异的主要原因是清代中晚期的回族反清斗争失败后，斗争失败的回族群众，除被发配到外地者外，大多被安置到生存环境异常艰苦的宁夏南部山区。由此宁夏回族在宁夏地域的空间布局形成了空间上的分异。人口及回族住区形成自北向南逐渐增多的趋势，呈现阶梯状空间布局形态。新中国成立后，特别是宁夏回族自治区成立之后，宁夏南北回族人口得到较快的发展。直至2010年，宁夏进入了生态移民大发展阶段，17万回族人口迁往宁夏中北部，不仅实现了生态条件的改善，促进了经济发展水平，还加强了回汉居住融合。

3.4.2 功能结构演化特征

功能结构主要是指空间上由功能决定的结构特征。本节主要对住区、聚居区层面的演化特征进行总结。

1. 回族住区在宁夏区域层面形成的空间结构特征

（1）回族住区多沿交通干道分布。

（2）回族住区多分布在主要城市周围。

（3）回族住区多沿某个自然体分布，如山体、河流等。

2.回族聚居区层面的功能结构演化特征

（1）聚居区内部一般以清真寺为中心，住宅建筑轴向或圈层状布置于清真寺周围，主要交通干道为发展方向。

（2）清真寺与周边公共活动空间结合良好，一般清真寺均位于交通便利、可达性好的位置。

（3）商业空间是回族聚居区非常重要的功能空间，有结合道路布局的商业街形式，也有与清真寺周边的公共场所结合设置，充分体现了回族重商善商的习俗。

（4）集聚度的计算结果表明，由于伊斯兰教信仰中的和谐思想和回族传统的强烈自我保护意识，回族聚居区的居住、商业、公共、景观空间为一体的布局模式，集聚度较高。但随着聚居区规模的扩大，聚居区由内向封闭转向外向开放，集聚度有所降低。

3.4.3 布局形态演化特征

1.目前回族住区在宁夏沿黄城市带已形成了团状的分布形态。

2.回族住区一般顺应自然地形地貌分布，以集聚、传染扩散、填充和重新区位扩散4种形式演化发展形成不同的形态。

3.回族聚居区中以清真寺为中心，住宅建筑轴向或圈层状布置于清真寺周围。

4.清真寺一直作为聚居区中心存在，随着聚居人口的增多和规模增大，会在原聚居区中心选址建设清真寺，也有可能在原聚居区边缘新建清真寺，并且清真寺与住宅间存在一种稳定的关联性。

5.聚居区内部商业空间结合清真寺或者沿道路布置。

6.回族聚居区中清真寺还作为聚居区的景观节点存在，多位于聚居区主要出入口或东西南北四个方向，一般较大的聚居区都有东寺、西寺、北寺、南寺等。

3.5 影响宁夏回族住区空间分布差异性因素对比分析

宁夏南部山区主要是指固原市，是除了宁夏沿黄城市带上4个地级市之外的第5个地级市，位于宁夏南部六盘山区，地处西安、兰州、银川三个省会城市构成的三角地带中心。市辖4县1区，即：西吉县、隆德县、泾源县、彭阳县和原州区，面积1.13万平方公里。受晚清政治因素的影响，宁夏南部回族人口多于北部，新中国成立后宁夏南部山区也一直是全国主要的回族聚居区，同时也是一个长期处于贫困的地区。

宁夏沿黄城市带区域和南部山区在气候、地形地貌、发展环境、生活生产习俗等方面存在着一定的差异性。根据表3-6，可以准确的掌握宁夏沿黄城市带区域的特征，进行更有针对性的空间布局适宜性模式探索。

影响宁夏沿黄城市和南部回族住区空间布局差异性的因素分析对比表 表 3-6

地区 项目	沿黄城市带	南部山区
地理位置	以黄河为纽带，以引黄灌区为依托，范围包括银川、石嘴山、吴忠、中卫等 4 个地级市，青铜峡市、灵武市、中宁县、永宁县、贺兰县、平罗县等 6 个县市和宁东能源化工基地（含太阳山开发区），区域面积 2.87 万 km²（占全区土地面积的 43.2%）	位于宁夏南部，东南与甘肃庆阳市、平凉市相邻，西与白银市分界，北与宁夏中卫市、吴忠市交界。总面积 1.44 万 km²
地形地貌	北部为宁夏平原引黄灌区，中部为毛乌素沙地、腾格里沙漠边缘干旱风沙区	海拔大部分在 1500～2200m 之间。黄土丘陵区地形地貌，由于受河水切割、冲击，形成丘陵起伏，沟壑纵横，梁峁交错，山多川少，塬、梁、峁、壕交错的地理特征。属黄土丘陵沟壑区
主要自然灾害	干旱、霜冻、局地冰雹、龙卷风、暴雨、洪涝、雷电、山体裂缝、滑坡等	干旱、霜冻、局地冰雹、龙卷风、暴雨、洪涝、雷电、山体裂缝、滑坡等
气候条件	气候干燥，四季分明，冬长夏短，温差较大，少雨多风，蒸发强烈，降雨集中，日照充分，热量丰富，无霜期短	气候干燥，四季分明，冬长夏短，温差较大，少雨多风，蒸发强烈，降雨集中，日照充分，热量丰富，无霜期短
经济发展	经济总量占宁夏的 88.7%，经济发展水平较高	经济发展落后，人均收入低
人文文化	与汉族融合较好，外向开放，业缘、地缘关系较弱。接受教育水平相对较高，较易接受新事物	血缘、地缘、教缘关系浓厚。宗族观念浓厚，受教育水平低，相对封闭
居民意愿	向往良好的住区公共服务和基础服务设施配置，对院落私密空间的要求较高，对住区、院落的整体性、景观性、交通便捷性要求较高	对居住的要求还处在初级阶段，向往安全、明亮、宽敞的个体居住环境。对交通便捷性有要求

从表 3-6 的对比分析可看出，宁夏沿黄城市带区域和南部山区在自然地理地貌、气候条件、社会经济发展、文化意识、居民意愿方面都存在较大的差异性。在"十二五"期间，宁夏南部的 17 万回族从南部迁往中北部。本书的目的是：在延续原南部回族住区的空间肌理、结构特征的基础上，研究适于当前社会经济发展的宁夏沿黄城市带回族新型住区。

3.6 小结

本章通过对宁夏回族社会、经济、文化特色的梳理，为研究宁夏回族住区空间布局奠定基础，并且指出这些珍贵的回族历史文化都需要在回族住区中得以传承、延续和发展。

宁夏回族住区的历史变迁，是复杂的、连续的区域社会变化过程。本章对宁夏回族住区空间形态的演化背景、阶段、规律和演化方式分别进行了探讨；并对回族住区的演化特征从功能结构和布局形态两方面进行了总结，以期供宁夏沿黄城市带回族新型住区空间布局适宜性研究参考。

第四章 典型回族住区空间布局现状特征分析

第三章系统地对宁夏回族住区的演变背景、阶段、方式、特征、规律等进行了梳理，主要从功能结构和布局形态特征两方面对宁夏回族住区的演化特征做了分析。本章拟通过实地踏勘调研，重点从聚居区和院落两个层面对现状回族住区的空间布局特征进行分析研究，试图梳理出聚居区和院落层面的典型特征并总结传统回族住区的建造经验，从中得到启示。

4.1 住区功能结构及布局形态特征背景

镇村住区在空间上的分布通常取决于地形地貌、道路交通、自然环境（河湖、山体）等客体要素，然而在对宁夏典型回族住区的调查研究中发现，除南部山区受到自然地形的影响形成特有的分布形态外，其他住区分布受到地形地貌和自然环境的影响较小，多由道路交通决定。然而，宁夏回族住区在分布形态的形成上，不同于其他镇村住区，明显受到回族特有的社会伦理、民族文化等主观意识的影响，形成了一些回族住区特有的分布形态特征。但最主要的影响却来自于回族排异和内聚的社会文化特性。对于回族住区和其他民族住区（主要指汉族），在空间分布上受到回族传统排异性的影响使得住区形成了明显的界限区域；而回族住区之间由于回族强大的凝聚力和集聚特性形成了团簇式的空间分布形态。下面从自然因素、社会伦理、民族文化3个方面进行分析。

1. 自然因素影响下的分布形态

宁夏地处西北，气候干燥，河流湖泊分布相对较少，住区分布受到气候和水资源影响相对较少，较典型的是沿黄城市带所处银川平原地区和南部山

图 4-1 沿道路呈带状分布的回族住区

区受地形方面的影响，形成不同地域内的住区分布形态。沿黄城市带平原地区住区分布形态受到过境道路的影响，为获得便利的交通运输通道，加强住区对外联系，部分沿道路呈带状分布，随着纵横交错道路网络的建设完善呈进深片状分布形态（如图 4-1 所示）；南部山区受到山体的限制，道路也多沿山线性建设，因此，山区回族住区多沿山呈点带状分布，且由于海拔高度不同，也形成垂直分布形态特征（如图 4-2 所示）。

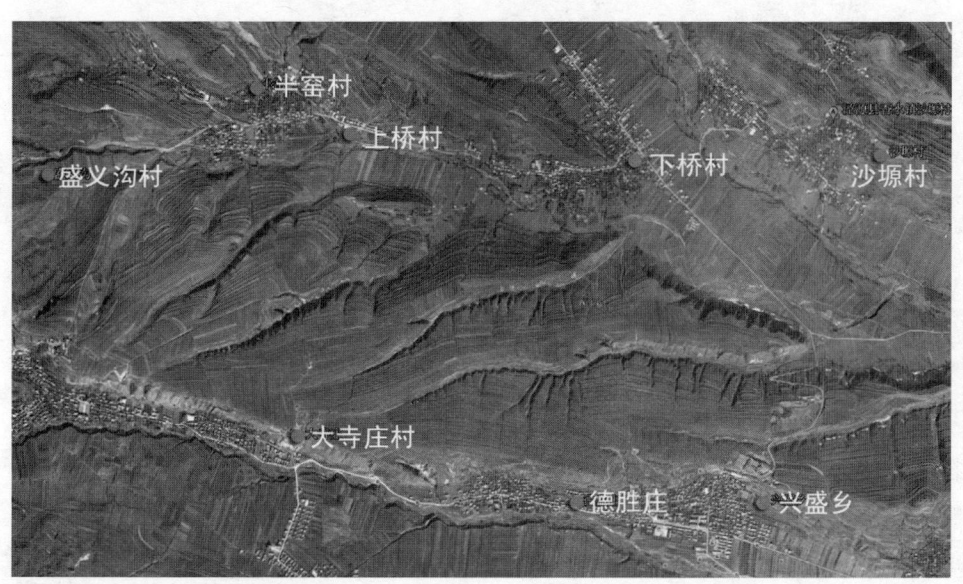

图 4-2　山区点带状分布的回族住区

2. 传统排异性社会伦理影响下的分布形态

回族对于非伊斯兰教人的排异性，不仅使回族发展壮大，宗教文化得以巩固加强，还使得回族在住区建设分布上与其他民族住区（主要指汉族住区）形成了明显的民族分异特征。无论是回族住区还是汉族住区，对于交通便利的需求都是一致的。在长期住区的自组织发展过程中，由于宁夏开放包容的发展环境，使得回汉杂居的现象十分普遍。在整个沿黄城市带的大范围区域内，从某种意义上来说，这体现了一种民族融合性；但在住区间的相对较小的区域内，回汉住区分布的区域分界受到回族排异性社会心理的影响十分明显，分布形态包括以道路为界限的两侧分布和以区域为界限的角落分布两种。

3. 强大内聚力民族文化影响下的分布形态

回族规范、特有的饮食、婚姻、丧葬等生活习惯强化了伊斯兰教文化对回族同胞心理上的建构，使得回族具有极强的内聚力。这种内聚力不仅影响到了回族生产生活与行为交往方式，也深刻影响到了回族住区的建设分布。空间分布上的民族内聚力远大于对交通便利的需要，多数回族住区为寻求一种凝聚感受，而处于远离道路交通便利的主干道，与沿路住区形成了团簇、围合式的分布形态。这种围合没有半径、空间位置的限定，而是回族住区在逐个生长、建设过程中随主观心理意识的驱使自发形成的（图4-3）。

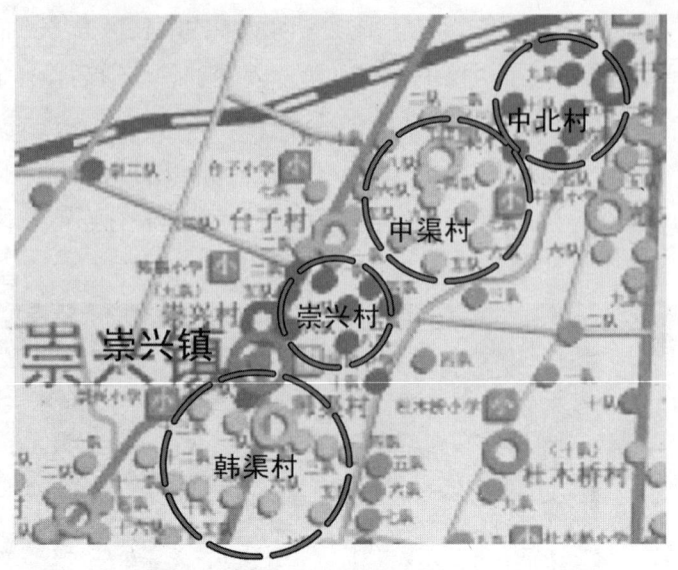

图 4-3　团簇状分布形态

4.2　聚居区布局形态特征

在自然地理、经济、地域文化和回族传统文化的影响作用下，宁夏沿黄城市带回族住区形成了一系列独有的特征。按照乡镇和村庄回族住区整体形态特征，宁夏沿黄城市带回族住区的典型布局形式（即住区主要建筑物及地形地物的分布状态），主要受地形地貌和经济发展的影响，形成了团状、线形、散点布局等3种平面布局形式（如图4-4所示）。

1. 团状布局形式

团状住区一般出现在地势平坦、土地资源较为肥沃的区域，是沿着主要交通干线纵向发展起来的住区。团状布局的回族住区的特征主要是：具有住区中心和圈层式平面肌理结构，一般以一个或多个核心（如清真寺、学校等）为基础变化。通过住宅、街巷的变化形成紧密、富有变化的平面肌理，由过境交通要道向住区内延伸几

平面布局形式	优点	缺点	示意图
团状	1 土地利用率较高； 2 道路较自由，建筑布局灵活； 3 道路、建筑与农田等自然要素融合较好，空间疏密有致	1 交通要道对村落发展的影响； 2 沿交通要道两端发展，其对公共服务设施，市政设施不能集约建设，形成规模效应	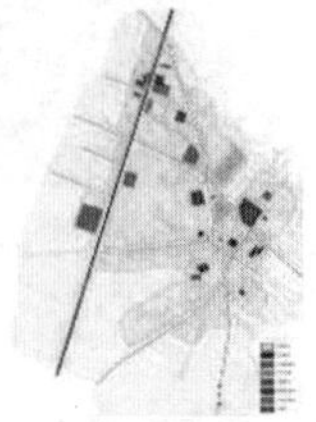 同心县予旺
线形	1 空间布局紧凑； 2 道路与建筑布局规整，便于基础设施建设； 3 道路、建筑与农田联系便捷	1 土地利用率较低； 2 空间布局呆板、单一； 3 线型空间不利于发挥公共服务设施，市政设施的集约效应	 吴忠金银滩镇团银新村
散点	1 空间布局灵活自由； 2 道路、建筑与农田等自然要素融合较好，空间格局自然	1 土地利用率低； 2 交通不便捷； 3 不利于发挥公共服务设施，市政设施的集约效应	 西吉白崖乡油坊沟村

图 4-4　回族聚居区平面布局形式对比

条道路，内部道路自由交错，建筑布局灵活，空间错落有致。这种类型的回族住区，规模较大，人口多，一般是由几个村落共同组成。

2. 线形布局形式

线形布局住区一般是沿着道路或者河流、山坡发展，住区一般轴向生长，并没有纵向形成内部路网，而是利用巷道连接路网。这种布局形式的回族住区通常是依托"十"字形路网形成。线形布局的回族住区，路网规整，建筑整齐，建筑与道路一般呈垂直布局形式，空间布局紧凑。这种类型的回族住区，规模较小，人口较少，一般可以单独形成，也可以由几个村落连接形成网格状空间布局形式。

3. 散点布局形式

散点住区多出现在河谷川道，受空间限制，整体形态呈点式或串珠状格局，住区内部布局错落无序。这种类型的回族住区，一般规模较小，多为原始聚落，在地形条件允许的情况下，也会以点状为基础不对称多向发展，最终集聚为较大规模的住区，其空间演化呈自由延伸模式。

4.3　聚居区空间结构特征

聚居区空间容纳了住区公共生活的核心内容，形成了聚居区环境的总体特征，是聚居区内部实体建筑之外的场所，包含着一定的信息和意义及特定的文化价值观念和风俗习惯，与人们的生活密切相关。通过对宁夏沿黄城市带回族聚居区的空间结构特征进行分析研究，梳理出回族文化价值观念及风俗习惯在物质空间上的体现。

4.3.1　现状聚居区空间结构组织形式

不同于城市和汉族聚居区以广场、绿地等公共活动空间为中心的布局形态，回族聚居区的空间布局形态受到回族生活习俗和宗教文化信仰的影响，以清真寺为中心，这也体现了清真寺在回族公共生活以及文化心理中的重要意义。通常清真寺均位于道路交通最为便利处，且影响着住区道路的走向，进而影响到住区建筑的布局。由于规模与职能发展的不同乡镇住区和村庄住区呈现出不同的聚居区空间形态。

乡镇住区由于承担着一定区域内政治、经济、文化、生活等综合职能，在空间形态上受到更多人为干预。同时为实现宏观社会经济发展目标和乡镇正常经营活动，合理安排空间、优化乡镇发展建设，这使得乡镇聚居区空间形态相对于村庄聚居区更加规则。清真寺作为乡镇住区功能空间中的重要组成部分，多沿交通便利的主干道布局；联系住宅院落的次干道、支路多垂直于主干道，使得通向清真寺的道路更加便捷、通达；考虑到采光，建筑物坐北朝南，形态肌理较为规整。因此，在乡镇聚居区中，以清真寺为中心的圈层式布局形态并不明显，聚居区空间形态主要受道路组织形式影响（如图4-5所示）。

村庄回族聚居区多自发形成，受到人为干预的控制较少，空间形态基于人们的生产生活习惯和文化心理需要。回族村庄聚居区空间形态主要受到清真寺的影响，道路以清真寺为重心呈围合式或发散式布局，建筑除满足基本的采光需求外，在布局形态上以清真寺为中心呈现出发散向心型和围合向心型的布局（如图4-6所示）。这体现了回族同胞对于清真寺的崇拜和向往，也体现了聚居区布局在居住者情感生活上的重要意

图 4-5　乡镇回族聚居区空间形态

义和作用。宁夏地处西北，日照充足，建筑对于采光的要求更加强烈。尽管回族聚居区清真寺的重心地位不可撼动，但居住建筑并非追随清真寺建筑东西布局，而是依然按照西北地区传统的建筑方式坐北朝南布置。

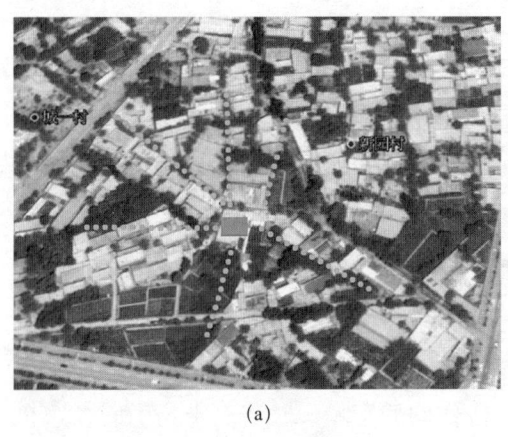

(a)　　　　　　　　　　　　　　　　(b)

图 4-6　村庄回族聚居区空间形态

(a) 发散向心型；(b) 围合向心型

4.3.2　清真寺为中心的服务功能主导空间

乡镇和村庄的布局形态受到外界条件影响，由于地形地貌、交通条件、生活方式、人口规模等的不同，体现出不同的形态特征。调查研究对象主要为乡镇和村庄两个不同级别和规模的聚居区。

（1）乡镇回族聚居区功能空间

乡镇回族聚居区的基本组成元素为各类建筑物，居住建筑是其主体，商业建筑等公共建筑的地位次之。一般以乡镇主要道路为轴线，商业建筑等公共建筑沿轴线分布，住宅组群在商业建筑后沿巷道纵深发展。住区设施较为齐全，布局较规则，均沿轴线布置，

形成住宅组群，规模较大。

（2）村庄回族聚居区功能空间（图4-7）

村庄回族住区也是由各类建筑物为基本元素形成的，居住建筑占有绝对的主体地位，且居住建筑的规模、尺度及组合关系是影响住区布局形态的主要因素。如村庄沿过境道路，则沿路住宅均面向道路，多形成三合院或四合院的形式，利于商业的发展；如只是住区内部道路，则住宅山墙多面向道路布置。住宅一般均沿轴线布置，形成大小不一的住宅组群，也有较零散的住宅单独布置。

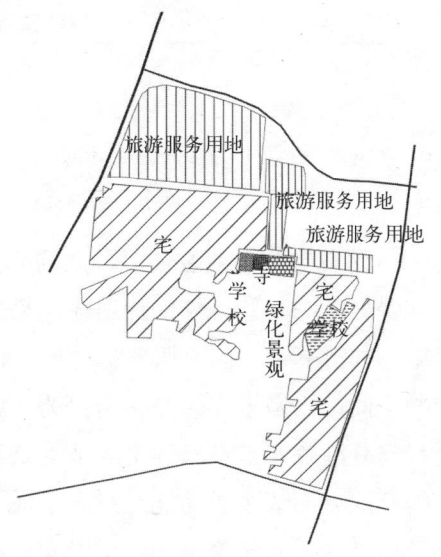

图4-7　村庄回族聚居区功能空间示意图

以上乡镇和村庄回族聚居区的功能空间均具有以清真寺为居住核心，多种功能配合设置的典型特征。在回族聚居的过程中，当某一区域的回族住户集结到一定规模时，居民会集资修建清真寺，使得伊斯兰教的宗教文化通过清真寺进行宣讲、传播，并逐渐发展为以清真寺为核心的回族聚居区，形成的聚居区称为"教坊"，这是回族社会的基层宗教社区。清真寺是回族进行宗教活动的重要场所，是伊斯兰教思想和社会生活的中心，是回族民众宗教、生活和教育的中心，被称为"精神的家园"，也是回族聚居区功能的重要组成部分。围寺而居是回族居民传统的生活模式，清真寺是回族居民赖以保存其宗教信仰和生活习俗的主要途径，围寺而居已成为回族聚居区的显著特征之一。清真寺一般按社区分布，其规模的大小与当地回族居民人数的多少呈正比（如图4-8所示）。

图4-8　韦州镇清真寺

沿黄城市带上的绝大多数乡镇和村庄回族聚居区均以清真寺为聚居区的核心功能，具有非常好的空间紧凑度，这也是低碳布局的典型表现。表4-1为乡镇和村庄以清真寺为中心的紧凑度。从表4-1中可以看出，团状、线形形态的回族住区，其以清真寺为中心的紧凑度都很高。

以清真寺为中心的紧凑度 表 4-1

名　称	韦州	郭家桥	纳家户
以清真寺为中心的紧凑度	0.82	0.57	0.65

4.3.3　清真寺和商业发展为导向的公共空间

　　聚居区的功能不仅仅是由住宅来体现，还需要各种保障和支持居住生活的公共服务设施，如清真寺、商业服务、学校、广场等。从这些公共设施的功能可以看出，公共设施的空间作用是多方面的，不仅为居民提供相应服务，还承载了居民文化休闲等公共活动。宁夏沿黄城市带回族聚居区的公共活动空间功能较为单一，以清真寺和日常生活所需的商业店面为主要功能，没有形成一定规模的开敞空间，缺乏集中的绿化、活动、健身场所。由于回族善于、勤于经商，在对外的沟通交流中，经营性空间（商铺）和道路的发展相辅相成，互相促进。基本没有针对回族聚居区专门设置的回族宗教文化教育的幼儿园、小学。如图 4-9 所示，同心县预旺镇，公共服务设施布局较为零散，并沿着道路布局。

　　（1）乡镇回族聚居区的公共空间

　　宁夏沿黄城市带乡镇回族聚居区的公共空间一般以线状形式组织各类公共服务设施。一方面可以便捷的服务于居民的生活，提升生活质量；另一方面可以促进生产，发展乡镇第三产业，如商业、服务业等，可以解决部分就业。

　　乡镇回族聚居区的公共服务设施一般有以下几类：①行政管理类：乡镇政府、其他管理机构等；②教育类：中学、小学、幼儿园、托儿所等；③医疗保健类：医院等；④文体娱乐类：活动站、广场等；⑤商业服务类：超市、杂货店、理发店、修理店等。按照经济性质来划分，可分为公益性和经营性两大类。公益性公共服务设施项目属于政府扶持项目，由政府投资建设，目的是为了保障乡

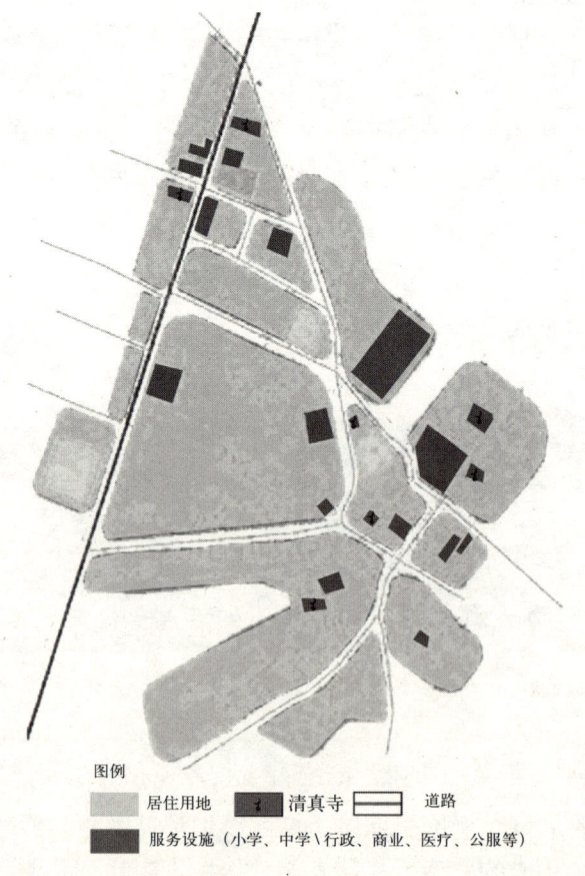

图例
■ 居住用地　■ 清真寺　▭ 道路
■ 服务设施（小学、中学\行政、商业、医疗、公服等）

图 4-9　同心县预旺镇用地布局图

镇居民的基本权益，包括行政管理、教育、医疗等。经营性公共服务设施属于市场调节的内容，应根据本乡镇的经济发展水平和居民的消费习惯灵活安排，主要包括商业服务设施和市场、健身等娱乐设施。如韦州镇的经济发展水平较高，居民多从事运输类服务，镇上出现较多机动车修理的经营性场所。由于乡镇住区内清真寺众多，且由于修建的历史年代和规模大小的不同，服务的人群和范围也不同。个别清真大寺可成为聚居区的公共生活中心，并与其他商业及娱乐休闲服务设施配合设置，多数清真寺则是片区生活中心，功能较为单一（图 4-10、图 4-11）。

（2）村庄回族聚居区的公共空间

宁夏沿黄城市带村庄回族聚居区由于规模较小，设施较为单一，设

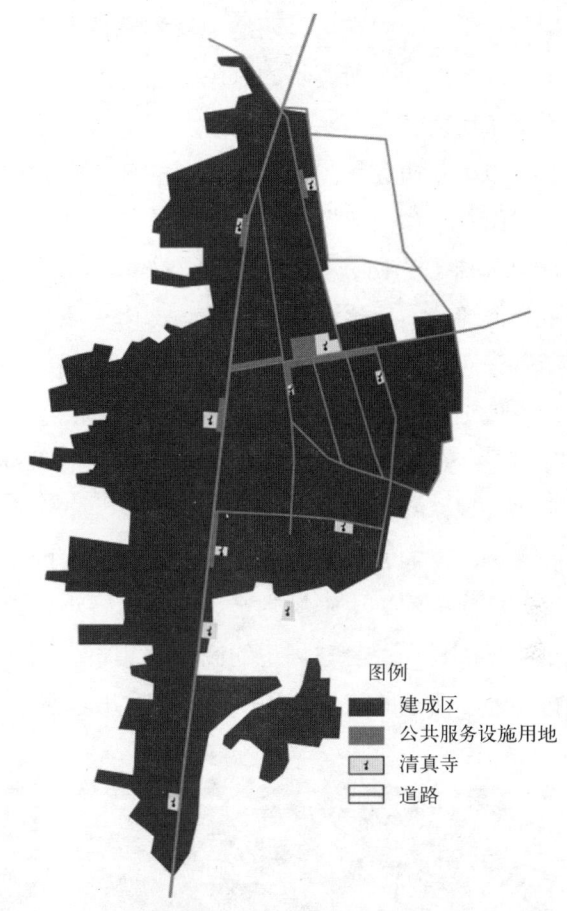

图 4-10　同心县韦州镇公共服务设施布局图

置村委会、小学、幼儿园、商业、卫生室、活动站等。一般均以清真寺为中心，结合商业、广场等呈中心辐射状布置。住宅一般均以清真寺为聚居区为中心，轴向发展。一般情况下，按照发展的水平，村庄的公共服务设施可分为基本型、小康型和富裕型三类。基本型是指为保障村民基本生活需要而必须配置的设施，如清真寺、商店、理发店等。小康型是指能满足村民物质需求之外，还兼顾村民的精神生活，包括教育、文化等的设施。富裕

图 4-11　韦州镇清真寺前商业服务设施及公共活动空间

型是指无论是内容上，还是规模和质量上都达到了较高要求。在所调研的村庄中，纳家户村基本属于小康型（如图4-12所示）。

以上乡镇和村庄回族聚居区的公共空间均具有以清真寺和商业发展为导向的典型特征。以清真寺为核心的回族聚居区，是回族集聚的地区，集宗教活动、居住、商业贸易、文化交流等多种活动于一体。住宅、清真寺、商业等集中布置，具有低碳生态特性。清真寺与回族居民的生活密不可分，是回族居民重要的活动空间。根据回族聚居区规模的大小，乡镇聚居区的公共空间主要表现为清真寺、乡镇政府、商业街等公共设施集聚的线状空间。由于村庄聚居区规模较小，设施

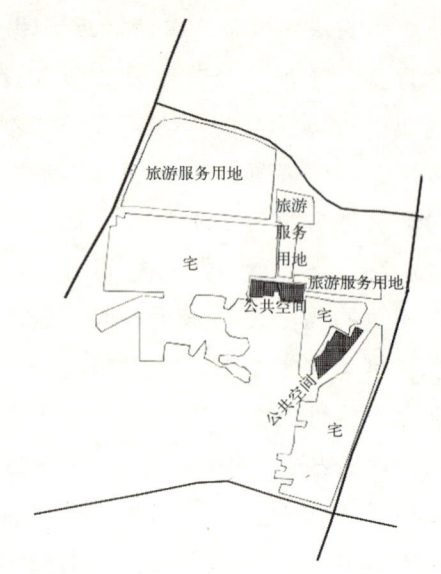

图4-12　纳家户村公共空间布局

单一，清真寺一般与周边的商业、集市、幼儿园等共同组成公共活动空间，成为人们进行交流、活动的综合性场所，如图4-13、图4-14所示。

图4-13　韦州镇清真寺旁的市场及幼儿园

图4-14　纳家户村清真大寺周围的商业服务设施

4.3.4　清真寺为景观标志中心的景观空间

以绿化为主体的景观是聚居区景观系统的重要内容，也是聚居区良好生态环境的重要因素，同时还是聚居区发展乡镇经济的重要前提。调查研究发现，宁夏沿黄城市带上的多数回族聚居区由于受经济发展水平和自然气候条件的限制，对住区的景观及绿化并不重视，在住区中缺乏公共绿地，但在宅前宅后或者院落中，绿化情况非常好。这和回族非常重视和自然的有机融合有关。

（1）乡镇回族聚居区的景观空间

宁夏沿黄城市带上的回族聚居区，在作者调研之时，大多均未经过规划，加之宁夏

自然条件的因素，乡镇住区内绿化情况并不乐观，一般均以广场、标志性建筑物、清真寺周边作为聚居区的主要景观空间。

（2）村庄回族聚居区的景观空间

宁夏沿黄城市带村庄回族聚居区与乡镇回族聚居区情况类似，现状中缺乏集中绿地或者水系等专门的景观空间，一般均以清真寺为景观中心，或者在村落入口设置标志性景观。

以上乡镇和村庄回族聚居区的景观空间，均具有以回族特征为标示的景观典型特征。回族聚居区遵从了回族信奉伊斯兰教教义中对自然的尊重，与周边自然环境结合的较好；在回族乡土气息较为浓厚的回族聚居区，一般较关注清真寺周边的景观或者住区入口的景观。清真寺周边的景观多结合广场、绿地、健身场所等设置（健身广场）；聚居区入口的景观多结合入口广场、绿地等设置，如图4-15、图4-16所示。

图4-15 余桥村健身场所

图4-16 余桥村村口处的广场

4.3.5 指向清真寺的可达性强的道路交通系统

聚居区的道路除了交通作用，还具有形成聚居区结构、提供生活空间、体现住区风貌、布置基础设施等方面的功能。聚居区道路格局是影响着住区布局形态的重要因素之一，为居民提供日常交往的空间，街道、巷弄都是人们交往机会最多的地方。由于人们的户外活动是以道路为主，建筑、绿化也多是依路而置，因此沿着道路的景观基本上体现了聚居区的整体环境风貌。宁夏沿黄城市带的回族聚居区中，道路起到了非常重要的联系作用。

（1）乡镇回族聚居区的道路结构

宁夏沿黄城市带乡镇回族聚居区内的商业或者医疗等公共服务的建筑一般沿主要街道两侧布置，通过纵深的巷道与各个住宅组群联系，形成以街道为骨架的布局方式。街巷的布局方式及其与地形地貌的关系决定着回族聚居区的布局形态。一般基本上形成以步行＋自行车或摩托车出行为主的道路网，如图4-17所示。

（2）村庄回族聚居区的道路结构

宁夏沿黄城市带村庄回族聚居区的道路结构较乡镇回族聚居区的简单。但道路仍然是布局形态的重要影响因素，一般只有一条对外联系的主要道路。以主要道路为轴线，其他巷道均与轴线垂直或相交形成路网，基本上形成以步行交通为主的道路网，如图4-18所示。

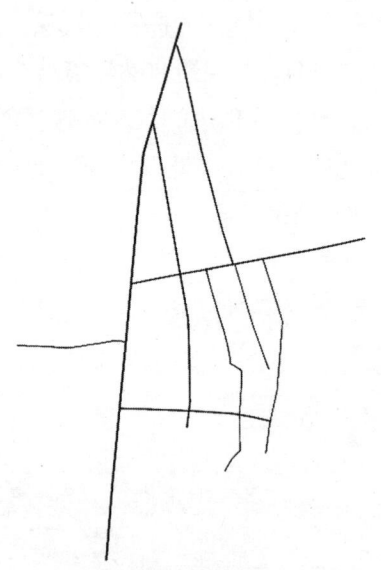 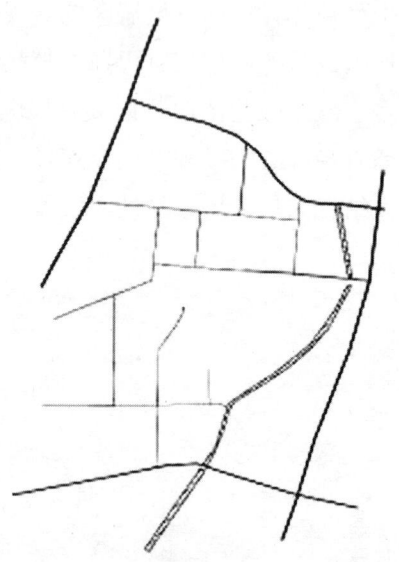

图 4-17　韦州镇道路结构示意图　　　　图 4-18　纳家户村道路结构示意图

以上乡镇和村庄回族聚居区的道路交通系统，均具有十分强大的交通导向性典型特征。回族聚居区十分重视对外的沟通与交流，其道路通达性较好。一般在依托交通干线发展起来的规模较大的回族聚居区内，其街巷有等级之分，主街、主巷是通往外部的主要通道，也是联系清真寺和其他公共建筑的交通联络线。而规模较小的回族聚居区，沿着交通干线，形成临街经济，在空间上形成了带状、单一的分布特征。部分聚居区街巷结合周边的地势地貌，形成宽窄不一，高低错落，形式灵活多变的空间，给街巷增添了趣味性，如图4-19所示。

图 4-19　单家集街巷空间

4.3.6　用地构成分析

通过分析对比乡镇回族聚居区和村庄聚居区的功能用地构成，分析乡镇和村庄功能用地的构成关系，如表4-2、表4-3所示。

（1）乡镇回族聚居区

乡镇回族聚居区功能用地构成分析表　　　　　表4-2

乡镇名称	住宅用地	道路用地	公共服务/清真寺	绿化景观
韦州	64.29%	11.35%	10%/4.1%	0.6%
郭家桥	35.16%	9.85%	17%/0.9%	0.2%
金贵	54.3%	6.2%	19.5%/1.3%	0
兴泾	61.0%	10.85%	22.12%/2.4%	2.31%
礼和	71.3%	7.0%	21.3%/1.1%	0.4%

通过对宁夏沿黄城市带上5个乡镇的现状功能用地构成的分析可知：住宅用地在聚居区内占有绝大比例，一般在35%～65%；道路用地依乡镇的规模不同有所差异，一般在6%～12%；公共服务设施用地所占的比例依住区的经济发展程度不同会有所不同，一般在10%～25%；专项列出清真寺用地在公共服务设施用地中的比例，统计数据表明清真寺是回族聚居区中非常重要的公共服务设施；绿化景观用地在乡镇回族聚居区中所占的比例较小，甚至没有。

（2）村庄回族聚居区

村庄回族聚居区功能用地构成分析表　　　　　表4-3

村庄名称	住宅用地	道路用地	公共服务/清真寺	绿化景观
余桥	61.5%	10.20%	4.0%/0.8%	3.5%
移民新村	22.9%	1.7%	9%/3%	0
扁担沟村	29.3%	8.1%	1.8%/1.0%	0
高糜子湾	42.6%	3.7%	14.9%/1.2%	0

通过对宁夏沿黄城市带上4个村庄的现状功能用地构成的分析可知：住宅用地在聚居区内占有绝大比例，一般在25%～65%；道路用地根据乡镇的规模不同有所差异，一般在5%～15%；公共服务设施用地所占的比例依住区的经济发展程度不同会有所不同，一般在5%～15%；专项列出了清真寺用地在公共服务设施用地中的比例，统计数据也表明清真寺是回族住区中非常重要的公共服务设施；绿化景观用地在现状乡镇回族聚居区中所占的比例较小，大部分村庄聚居区没有专门的绿化用地。

4.4 院落功能结构特征

宁夏沿黄城市带回族院落功能空间布局受到所在区域社会经济发展状况、回族居民所从事主导产业以及家庭结构等因素的影响。由于回族多以农业为主导产业,其储藏及厨房等空间独立设置,因此回族民居院落中通常由主导空间(服务于主人日常起居,视觉感受最为明显)和辅助空间(间接服务于主人的生产生活,包括厨房、仓库、圈舍、厕所、园地等)组成。

4.4.1 主导空间

院落主导空间主要是指主体空间即居住建筑。本节主要从建筑内部空间组织的典型特征进行分述。

建筑功能空间布局主要指位于院落中主要位置的主导建筑的内部分配和使用,其受到回族传统生活习俗的影响最大。

建筑内部空间布局中,客厅一般较大,以满足回族一般家族较大、好客等需要,很多回族在家中客厅或者主卧进行日常礼拜;次卧空间也相对较大,以满足接待宾客、议事、宴请的需要。

传统回族民居中还存在独立的沐浴空间和礼拜空间。目前在沿黄城市带回族民居中独立设置该类空间的情况较少,通常沐浴空间与厕所合并为一间,且由于其私密性的需要,常布置于客厅或主卧后侧,门不正对起居室开启,如图 4-20 所示。

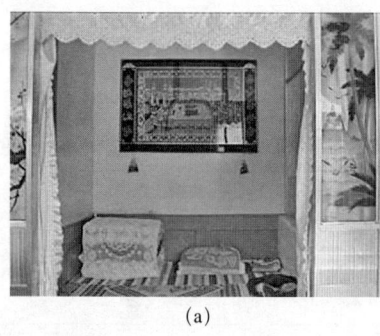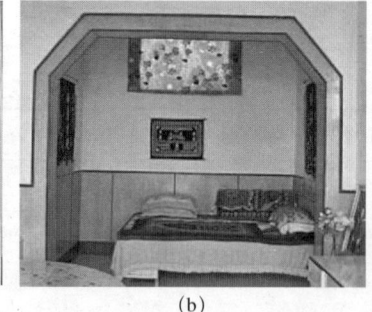

(a)   (b)   (c)

图 4-20 礼拜空间及沐浴空间

4.4.2 辅助空间

在回族民居中,由于回族家庭通常人口众多,且家族规模较大,因此在附属空间中厨房和仓库空间所占比重最大,用于主人可能进行的大量炊事工作以及众多的粮食、农具、杂物储藏。

由于回族特有的崇尚自然花草的性格特征,因此回族民居院落中绿化庭院或种植园地成为必需。庭院空间有平行于建筑地坪和下沉式庭院两种形式,平行于建筑地坪庭院多设于二字形、U 字形、四合院型院落形式中，面积较小，且通常以简单稀疏的植树绿化为主；而下沉式庭院则在一字形、L 形、三合院型院落中运用较多，面积较大，还兼具小型菜园、果园功能，如图 4-21 所示。

下沉庭院	厨房	圈舍
菜园	仓库与厕所	车库

图 4-21　回族院落功能空间构成

目前，圈舍空间在沿黄城市带回族民居院落中已不具有普遍性。由于回族居民生活逐步改善和生活观念的逐步开放，院落中设置圈舍的习惯在逐步减弱，规模在逐渐减小，但部分回族家中依然习惯于在房侧屋后等隐蔽狭小的空间中养殖牛、羊、鸡等，为家庭日常生活、饮食服务。

4.5　院落布局形态特征

2009 ~ 2011 年，通过对回族聚居程度比较高的银川市通贵乡，永宁县纳家户村，灵武市的郝家桥乡，吴忠市利通区的东塔寺乡、板桥乡，同心县的韦州镇、下马关镇等乡镇走访调研，对 300 位回族居民进行问卷、访谈，收回有效问卷 285 份；对 35 户民居进行院落建筑的测量、绘制，以获得现状院落的布局形态特征。

4.5.1　六种布局形态

随着宁夏沿黄城市带的规划建设，传统的回族院落已经开始并且正在经历着强烈的冲击，布局结构形式也在逐渐产生变化。传统的院落主体建筑受宁夏地处西北地区及对采光通风保暖的影响，通常坐北朝南。院落布局形态主要分为一字形、二字形、L 形、U 字形、三合院及四合院等。院落面积、空间布局、涵盖功能以及建筑内部功能空间有所不同，院落面积及院门朝向也有所不一。而今，随着沿黄城市带经济的快速发展，回族开放程度的日渐提高，经济条件、家庭结构以及院落功能需要的变化，院落布局形式也在不断地产生变化，如图 4-22 所示。

图 4-22　六种院落形式布局图

1. 一字形

院落内主体建筑仅有一排，呈一字形布局。较传统的一字形回族民居东西两侧常设低于主体建筑的"耳房"，多用于存放草料、粮食，也有作为厨房、卫生间。由于受城镇化及现代建筑主流发展过程的影响，此类耳房建筑逐步减少，取而代之的是在主体建筑对面一侧单独修建储藏室等附属功能用房。

2. 二字形

二字形布局是院落内主体建筑为平行两排门对门的布局形式。在传统回族民居建筑中，受到老幼尊卑传统家庭伦理观念的影响，二字形民居面南一排房为上房，供老人居住，面北一排房称下房，一般为子女居住，院门在东墙偏北。而在宁夏沿黄城市带的二字形回族民居中，由于回民对外开放程度的加强以及物质经济水平提升的需要，更多的回族青壮年选择外出打工，导致二字形房屋多数的起居空间长时间闲置，上房、下房的伦理观念逐渐弱化，而保持清洁的传统习惯使得他们选择面北一侧的房屋作为冬天居住使用，便于生火取暖。因此，二字形房屋面南一侧的建筑宽敞，装修考究，而面北一侧的房屋进深较浅，房屋面积较小，且不注重装修，冬天保温性较好同时节省了取暖材料。受到道路的影响，院门可正对庭院东西墙开设。

3. L 形

L 形布局形式顾名思义，主体建筑形态为"L"形，俗称"虎抱头"。传统 L 形布局为长三短二（长边三间，短边二间），面南三间房为上房，面东两间房为侧房，东墙偏北开门，院门正对走道直达侧房。沿黄城市带"L 形"建筑布局突破了传统长三短二的限制，长边建筑三到七间不等，而短边一到三间不等。短边除居住外，还用于作为储藏间或厨房。根据周边院落、道路等的出行需要院门面向长边建筑或短边建筑开设。

4. U 字形

U 字形不同于三合院严格划分正房侧房，且三方建筑相对独立。U 字形两侧建筑与正中建筑主体相连，且根据功能需要主房可能位于正中也可能位于某一侧。在沿黄城市带的回族民居中，U 字形建筑多临街，该方向为 U 字形正中建筑，用作临街商铺，而面南一侧建筑为正房，供居住使用，面北一侧建筑则为次居室及储藏、厨房，院门开设在临街建筑居中位置。

5. 三合院

三合院布局形态在目前沿黄城市带回族民居中所占比重较少，因为三合院形式是传统联合家庭中严格伦理内涵决定居住空间划分的典型，通常在身份显赫、家业较大的回族家庭中体现。吴忠市马月坡寨子则为三合院的典型。面南建筑称为堂屋，东西两侧则称为东西厢房，厢房为对称布局，院门正对堂屋，开设于院南墙侧，院内步道呈十字形布局，且堂屋地坪由台阶升起高于厢房，凸显主导地位。联合家庭中，老人居住于堂屋，长兄住西厢房，面东；兄弟住东厢房，面西。而现在的三合院布局中则根据实际居住人口数划分居住空间，但仍以堂屋及西厢房为首选，东厢房则多用于厨房或储藏间使用，且整体形态也不严格按照对称形态建造，三侧房屋均在同一地坪上，堂屋的主导地位弱化。

6. 四合院

宁夏沿黄城市带中回族民居四合院多为四面围合形制，常在南侧设院门，属仅有一个出入口的"四闭"形式，且回族四合院所体现的家庭伦理观念不如三合院强烈，南侧、东侧房屋常做居住，而西侧房屋则以储藏功能为主，北侧房屋用做厨房。

4.5.2 布局形态比较分析

通过对现状院落布局形式的测绘调研，从形态、面积、居住家庭结构特征、经济收入等方面对六种形式做比对研究，探寻回族住区在院落布局方面的主要特征，如表 4-4 所示。

院落布局形式对比表　　　　　　　　　　　表 4-4

项目＼院落形式	一字形	二字形	L 形	U 字形	三合院	四合院
比重	33.5%	16%	30%	8%	7.5%	5%
家庭结构	二代人、三代人	三代人	三代人	三代人	三代人	三代人
经济收入（年）	2 万元以下	2 万~5 万元	2 万~5 万元	5 万~10 万	10 万以上	10 万以上
院落面积（m²）	314	401.3	394.2	621.4	503	525.5
建筑面积（m²）	185	261.9	262.5	430	285	313.7

　　在对问卷进行综合对比后发现：宁夏沿黄城市带回族民居中，一字形和 L 形民居所占比重最大，分别为 33.5% 和 30%，二字形次之，其他三类均不足 10% 如图 4-23 所示。二代人家庭选择一字形布局形式较多。由于回族家族观念的影响，通常回族是三代人共同居住，相应的选择其他五种布局形式的家庭均为三代人居住。同时，不同的经济收入水平

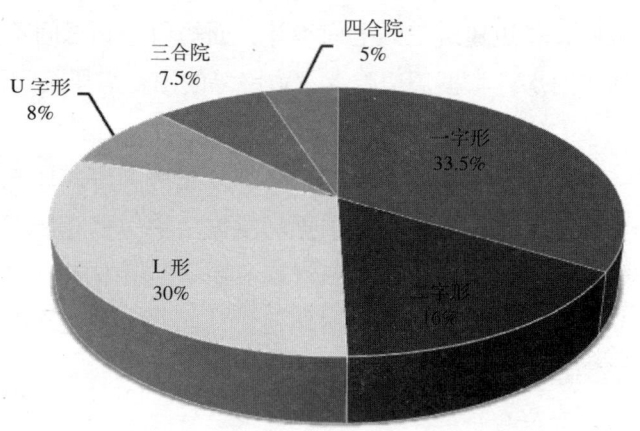

图 4-23　宁夏沿黄城市带回族民居院落布局形式构成图

也影响了院落平面布局形式的选择，在问卷中将家庭年收入分成 2 万元以下、2 万~5 万元、5 万~10 万元、10 万元以上等 4 个层次。通过对比发现，家庭经济收水平在 5

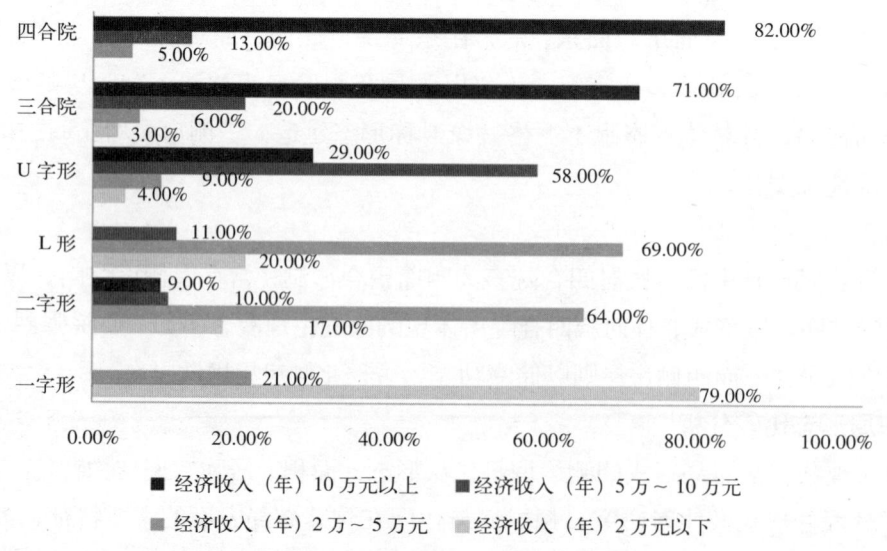

图 4-24　不同经济收入水平家庭选择院落布局形式比重图

万元以下的家庭通常选择一字形、二字形、L 形，而家庭收入在 5 万元以上的家庭则多选择 U 字形、三合院、四合院形式，如图 4-24 所示。

　　如图 4-25 所示，在六种布局形式中，U 字形院落占地面积与建筑面积最大，均值达到 621.4m^2 和 430m^2；一字形最为节地，院落面积为 314m^2，相应的建筑面积也最少仅为 185m^2；而在建筑面积相近、服务家庭经济收入水平相当且同为三代人居住的二字形和 L 形布局中，二字形院落面积较大，L 形布局院落面积相对较小。

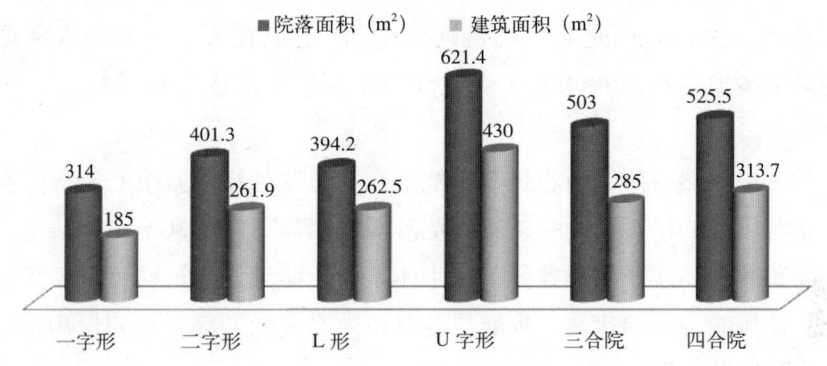

图 4-25　不同院落布局形式的院落面积和建筑面积

　　通过对现状回族民居院落布局形式分析，两代人家庭采用一字形布局模式，而同是三代人居住的布局形式中 L 形应用最为广泛也最节约用地。U 字形、三合院、四合院通常为高收入家庭所使用，适用范围较小且占地面积较大，不适应于当代城镇化发展建设趋势和节约资源、有效利用原则。因此，在今后回族住区建设中，一字形和 L 形布局形式最为适用。

4.6　回族住区建造经验解析及启示

　　本书针对宁夏沿黄城市带回族新型住区进行研究的首要前提就是对传统回族住区建造经验的总结提炼。

4.6.1　传统回族住区建造经验

　　千百年来，随着回族在中国的形成、演变以及朝代更迭所带来的地域迁徙、文化交融，回族住区的建设在不断的进行调整，以适应不同时代社会、经济、文化、自然环境、气候地貌等客观条件的影响，这是一个复杂的、连续的区域社会变化过程。对经过历史积淀和验证的传统建造经验进行总结，以期对回族新型住区布局形态适宜性的建构有所启示。本书将从生态、人文和经济三个方面的经验进行论述。

　　1. 生态经验

传统回族住区建造生态经验的形成主要受地理、气候等自然环境的制约和影响。宁夏地处西北属大陆型气候，干旱少雨，严寒酷暑交替，四季温差较大，日照强烈多风沙。相对恶劣的气候条件在一定程度上制约了宁夏回族住区的建设，但同时也形成了其特有的建造经验。

聚居区总体布局中道路形态呈现出与外部主要道路平行或垂直的特征。典型的回族聚居区 3 种布局形式为团状、线形和散点状。团状：在地势平坦、土地肥沃的地区，沿主要交通干道发展起来，由过境道路向住区延伸几条道路，内部道路自由交错，建筑布局灵活，空间错落有致。线形：沿道路或河流、山坡发展，住区轴向生长，并没有沿纵向形成内部路网，而是利用巷道连接路网；建筑整齐，一般与道路垂直，规模较小。散点状：多出现在河谷川道，受空间限制，呈点式或串珠状格局，内部布局错落无序。

聚居区与大地浑然一体，街巷狭窄、院落密集，这种相对紧凑的聚居区空间布局可减少室外活动时风沙的侵害。同时，不同院落墙体紧靠，有时甚至彼此共用，这样使得住宅的外表面积减少，连单体为整体，积小体量为大体量。建筑群可以相互遮挡，保护了包围其中、抗风能力差的房屋，也能使各自室内温度受外部气候的影响相对减少，提高独立建筑的防风保温作用。

在院落布局形态中，宁夏传统回族住区通常建设较宽敞的院落，目的是为了主体建筑能够充分的接受阳光的照射，特别是在冬季白天日照充足的时间能够尽量通过日光提高建筑的室内外温度。此外，为了阻挡冬天西北风的侵袭，在院落布局中，将厨房建在主房的西头，形成一个转角，厨房的门朝东开，起到抵挡西北风的作用。

2. 人文经验

回族住区的发展建设不仅体现了受自然环境影响下的生态智慧，还体现了回族特有的民族文化、宗教信仰的影响，反映在聚居区、院落上的人文营造。它使得住区不仅作为回族居民的生活载体，还作为文化载体保持了回族特有的历史文化价值。

宁夏回族是伊斯兰教中国化和丝绸之路发展的产物，受到民族和各朝制度的融合形成了教坊制度。这也深刻影响到了回族在聚居区层面聚居性的心理状态，加上清真寺在回族宗教及文化生活中的重要地位，使得聚居区空间布局上均以清真寺为中心，形成围寺而居的布局形态。而回族受丝绸之路的影响，经商意识浓厚，回族素有无人不商之俗。重商善贾的古阿拉伯人、波斯人，从进入中国伊始，一直从事商业贸易。特别是以对外贸易为主，牛羊皮、绒毛、发菜等土特产品的批发业以及长途贩运业的发展，促进了地区的商业流通和经济发展，住区选址和空间发展方向也因此受到极大的影响。由于住区位于宁夏平原，具有平原的地貌特征，住区选址对于依山傍水的要求并不突出。回族住区更加看重的是道路交通联系的便捷性，并且形成沿路的专业市场组合的商业空间用地类型。此外，在住区空间结构上，还形成了以清真寺这一公共活动集中区域向周边辐射出的生活性商业服务空间。这一空间还作为回族居民经堂教育、婚丧嫁娶、宰牲集会、习武治病等传统活动的场所，这更有利于巩固和传承宗教文化。

院落空间中，为满足其对于亲近自然和崇尚花草植被的审美观，常构建较大尺度的院落，在院落空间中庭院、绿地比例较大，或种植果蔬，或养花种草。这种审美观也充分体现在房屋建筑的装饰上，花草或自然曲线的几何图形的砖雕、木雕、檐口、屋脊，形成了特有的回族建筑符号。建筑整体上体现了西北地区汉族的文化传统，但在装饰方面却有较鲜明的阿拉伯民间特色，充分体现了伊斯兰文化与中国传统文化的融合。

3. 经济经验

这种经济经验包含了两个方面的内涵，一是成本造价方面的经济智慧，二是节约低碳方面的经济智慧。

成本造价方面：由于宁夏传统回族民居地域偏远、交通不便，建造自己的住宅不可能选择离居住地过远的材料。宁夏地区的回族在选择建造房屋的材料时一般会把土坯、石头、木料、石灰等传统材料作为首选，大多数传统材料经过了长期的选择与淘汰的过程，能够达到回族对建筑材料的审美心理需求和房屋耐久性的标准；另一方面是因为传统的建筑材料开采、提取、加工、运输及处理等都相对简单，不需要过多的处理从而降低了建造成本。

节约低碳方面：重点发展对外贸易、流通的回族住区通常将大型交易市场等规模化商业区域集中沿对外交通联系道路布局，既有利于商品的流通，也使得长途贩运和商贸物流更加便利，减少运输成本。同时，围寺而居的聚居区空间形态也使得周边居民到达公共活动空间的平均距离相对较短，在布局上实现了减少出行距离的低碳。在建筑的建造方面，由于宁夏干旱少雨，回族住区所处地域多缺水，在长期生活中形成了屋顶铺管经墙面、地面连入地下水窖的建筑集水管道系统，充分回收利用雨水。

以上这些在住区、聚居区、院落建设中所形成的建造经验有效的解决了在宁夏这一特殊气候条件和地域特征下的保温、隔热、防晒、防风、通风等问题，并且很好地传承和发扬了回族特有的民族文化特征，既满足了生产生活需要又满足了文化心理需求。同时，所有的措施皆为被动的、非常经济的、低碳生态的方式，为回族新型住区适宜性模式的探寻提供了智慧结晶，具有极大的借鉴意义。

4.6.2　回族传统住区典型特征及启示

本节从聚居区布局形态、功能结构等两方面，系统总结宁夏沿黄城市带传统回族住区建造模式，下面通过列表及图示方式予以展现。

1. 聚居区布局形态特征及启示

通过对聚居区布局形态特征的分析，作者共总结出 7 条建造经验，其主要包括宁夏传统回族聚居区的分布特征、演化特征、产业特征等。这些特征的形成，与宁夏的人文历史、自然、气候等方面的影响有紧密联系，具体内容见表 4-5 和图 4-26。

聚居区的分布及布局特征　　　　　　　　　　　　　　表 4-5

	典型特征	具体回应的地域特征	启示	智慧	备注
选址	聚居区选址注重道路交通的便捷性	方面利丁聚居区对外的沟通联系，一方面形成沿路的专业市场组合的商业空间用地类型，主要以皮毛、清真饮食、日常生活用品为主	揭示回族聚居区选址和产业关系	生态经济	传承
布局形态	阶梯状"组团"分布	揭示出宁夏传统回族聚居区分布的总体特征，反映出受自然气候地理条件和社会、文化、经济条件影响下的回族聚居区分布形态。经历了唐宋萌芽，明至清代中期的稳定发展阶段，呈现出北多南少的分布格局，清代后期由于政治原因进行了空间重构，形成南多北少的阶梯状"组团"分布格局	揭示回族聚居区在宁夏全境的分布规律	生态人文	传承
	大分散，小集中	揭示出宁夏传统回族聚居区的空间形态分布特征，反映出回族的文化特征。宁夏回族人口遍布各地，全区95%的乡、镇、街道都有回族居住，多数回族传统住区都具有规模自小至大的集聚特性，受围寺而居居住传统思想的影响，呈明显的"大分散、小集中"分布态势	揭示回族聚居区千百年来的分布规律，掌握其"血缘、地缘、业缘、教缘"四位一体的居住规律	人文	
	因山就势，结合地形	揭示出自然地形地貌对回族聚居区道路组织形式上的影响规律，反映了回族聚居区主要道路对地形地貌、气候资源约束的应对方式。聚居区道路形态呈现与外部主要道路平行或垂直的特征	反映回族居住对地形地貌的充分利用	生态	
空间布局	团状布局形式	在地势平坦、土地肥沃的地区，沿主要交通干道发展起来的住区，由过境道路向住区延伸几条道路，内部道路自由交错，建筑布局灵活，空间错落有致	平原地形的回族聚居形式	生态经济	传承
	线形布局形式	沿道路或河流、山坡发展，住区轴向生长，并没有纵向形成内部路网，而是利用巷道连接路网。建筑整齐，一般与道路垂直，规模较小	沿道路、山形和河流布局的回族聚居形式	生态经济	
	散点状布局形式	多出现在河谷川道，受空间限制，呈点式或串珠状格局，内部布局错落无序	宁夏南部山谷地带的回族聚居形式	生态经济	

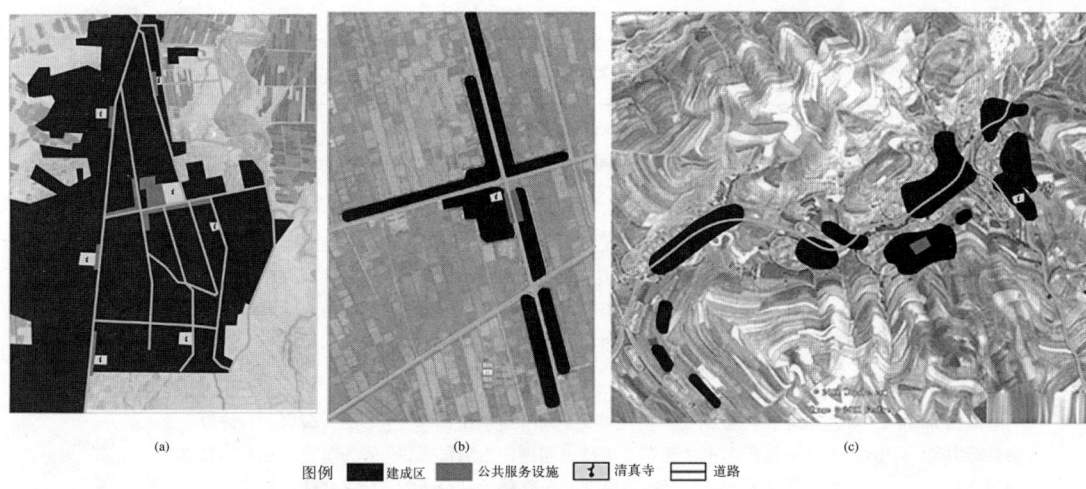

图例　■建成区　■公共服务设施　ℹ 清真寺　 道路

图 4-26　团状、线形、散点状回族聚居区布局形式

(a) 同心县韦州镇；(b) 吴忠市金银滩镇团银新村；(c) 西吉县白崖乡油坊沟村

2. 聚居区功能结构特征及启示

聚居区（乡镇或村庄）尺度方面的建造经验共有 6 条，主要是聚居区的功能结构特征（道路、公共空间、景观空间等的特征），具体内容见表 4-6。

聚居区功能结构特征　　　　　　　　　　　　　　　　表 4-6

	典型特征	具体回应的地域特征	启示	智慧	备注
空间布局特征	以清真寺为居住中心，圈层分布	以清真寺为居住中心，回族聚居到一定规模时，居民集资修建清真寺；或者在清真寺周围集聚而居。以清真寺为中心，住宅呈圈层状分布，居民到达日常活动的公共场所距离较短	清真寺与住宅间存在稳定的"关联性"，住区具有较好的紧凑度，是低碳布局的体现	人文经济	
	清真寺与商业结合发展的公共空间	回族自古善于经商，以商业为主，以工业和手工业为辅。商业交易以皮毛、甘草、发菜、枸杞、牛羊肉、药材等土特产出出为主；以丝绸、布匹、成衣、小五金、火柴、肥皂、毛巾、镜子等成品运入为主。以清真寺这一公共活动集中区域向周边辐射出的生活性商业服务空间，这一空间还作为回族居民经堂教育、婚丧嫁娶、宰牲集会、习武治病等传统活动的场所，这更有利于巩固和传承宗教文化及传播信仰	居住与商业结合发展，生活生产集合发展	生态人文经济	传承
	以清真寺为中心的集聚度较高，商业、清真寺、住宅集中布置	回族住区以清真寺为中心，住宅、商业等公共空间结合集中布置，充分体现了土地混合利用的特征	揭示了低碳布局的民间智慧	生态人文经济	

	典型特征	具体回应的地域特征	启示	智慧	备注
道路特征	街巷空间因形就势	应对地形地貌的具体特征，住区内部街巷结合地形地貌形成自由布局形态，街巷空间因形就势，高低错落，趣味性强。在住区布局和建筑中充分体现了与自然生态结合的特点	伊斯兰传统的生态伦理观唤起和强化回族的生态意识	生态	
	沿道路形成带状公共服务空间	与地形地貌直接相关，决定着住区布局形态的同时，形成步行＋自行车＋摩托车为主的道路网，为居民提供日常的交往空间和生活空间，商业、医疗等公共服务设施一般沿主要道路布设	回族聚居区道路以清真寺为节点，通向清真寺的道路便捷，利于人行	经济人文	
	沿道路形成带状公共服务空间	与地形地貌直接相关，决定着住区布局形态的同时，形成步行＋自行车＋摩托车为主的道路网，为居民提供日常的交往空间和生活空间，商业、医疗等公共服务设施一般主要沿道路布设	回族聚居区道路以清真寺为节点，通向清真寺的道路便捷，利于人行	经济人文	传承
	窄巷道	除主要道路为过境道路外，其他均为窄巷道，巷道通常只有2～4m。狭窄的巷道可满足自行车＋步行＋摩托车的出行方式	在夏季形成阴影，住区人际交往空间处于阴影之中，在冬季防止寒风或者春季风沙的侵袭	生态经济人文	
景观特征	以清真寺为典型的景观节点存在	受自然气候条件和社会经济发展水平的限制，传统聚居区缺乏绿地等公共活动场地。随着发展进步，一般在清真寺周边或者聚居区入口，以清真寺周边的广场、绿地、健身场所等作为住区的标志性景观	回族聚居区以清真寺为标志性景观节点，结合广场、绿地、健身场所合并设置景观空间	生态经济人文	

3. 院落的营造模式

院落及住宅建筑两个层面的建造经验共有16条，主要包括宁夏沿黄城市带特有的气候资源和建筑材料及回族特有的人文历史特征等内容。具体内容见表4-7、表4-8和图4-27。

院落布局形态建造模式总结 表 4-7

	典型特征	具体回应的地域特征	启示	智慧	备注
院落布局形态	一字形院落	应对冬季寒冷的自然气候特征	主体建筑能享受充足的阳光照射	生态	
	L形院落	为阻挡西北方向寒风，辅助房间的门侧开	厨房的门朝东开	生态	
	平面或下沉花池	绿化院落，美化环境，兼具菜园、果园功能，改善小气候	回族亲近自然和崇尚花草植被的审美观	生态	传承
	一层或两层为主	风沙大，经济落后	一层或者两层为居民适宜建筑层数	生态经济	

主体建筑建造模式总结　　　　　　　　　　　　　　表 4-8

序号	典型特征	具体回应的地域特征	启示	智慧	备注
建筑功能布局	起居室较大	回族一般家族较大，好客	符合回族人文需求的建筑	人文	传承
	在主卧或起居室进行日常礼拜	回族传统习俗中的礼拜是每天都需进行的一种宗教活动	满足功能需求的建筑才是真正的好建筑	人文	
	独立的沐浴空间	通常与厕所合并为一间，常布置在客厅或主卧后侧，门不正对起居室开启	室内空间布局启示，用于回族的"小净"习俗	人文	
建筑主体	平屋顶、单坡顶和双坡顶共存	应对自然气候条件和回族的审美要求	回族自身的传统文化和汉族文化的大环境在不断地融合	人文	传承
	开窗较少	背面和侧面几乎不开窗，即使开窗也很小或很少开启	适应寒冷和风沙较大的气候特征，在立面设计上的应对	生态	
建筑材料	土坯墙与木结构紧密结合	回族建筑在材料和结构的选择上多为土坯式与木结构紧密结合的房屋。土坯的制作是宁夏引黄灌区的回族农民在每年的麦收以后，将留有麦茬的麦田浇水浸泡，待水分稍干，就用石碾碾压平实，再用一种特制的平板锹裁挖出 30cm×20cm×15cm 的土坯，暴晒数日干透以后就可作为墙体材料	回应宁夏降水少、气候干燥的特征，较少考虑防潮问题，揭示了传统自然生态观	生态经济	摈弃
	草泥屋顶向预制板屋顶的转变	利用宁夏当地的农作物稻草以及应对干旱少雨，冬冷夏热的的气候特征，草泥屋顶是早期乡镇和村庄住宅建筑采用的主要形式，其特点是经济、保温、隔热。随着经济水平的提高，大部分已改为预制板屋顶	经济水平的发展在影响居民对建筑材料的选用	生态经济	
建筑装饰	外立面装饰	体现在门、窗、屋顶、斗拱、门楣的形态以及砖雕、木雕、石雕、彩绘、琉璃瓦面、拼砖、拼瓦等材料和技法上。多采用回族喜好的蓝、绿、白、土黄等大自然的颜色，做成花草或自然曲线的几何图形的砖雕、木雕、檐口、屋脊，形成回族特有的建筑符号	满足回族对建筑进行装饰的心理需求。具有较鲜明的阿拉伯民间特色，充分体现了伊斯兰文化与中国传统文化的融合	人文	传承
	内装饰（地毯、壁毯、挂毯和炕毡等）	地毯、壁毯、挂毯和炕毡等工艺品，在起到装饰作用的同时还可划分礼拜空间。也有挂画装饰满足审美和民族特色的	适应高寒气候，室内美化的同时兼具保暖	生态人文	
建筑节能	节水窖	由屋顶坡底而起，铺设排水管，收集雨水，排水管经墙体、地面直接连入水窖，部分地面的雨水也经过沿房屋地面周围挖出的排水槽汇入排水管道流入水窖中	节水，雨水能充分利用，应对宁夏干旱少雨的气候	生态经济	创新传承
	沼气池	户用沼气，改圈改厕	节能，可再生能源利用，变废为宝，化害为利，清洁环境	生态经济	

图 4-27　院落建造模式

4.6.3　记忆与期望——回族新型住区未来发展之路

　　住区需要给居住者提供一种安全的归属感,使每个居住在空间之内的人们,都会感觉到居住在一个与自然、邻里紧密联系的场所之中。作者努力挖掘宁夏传统回族住区的典型特征并从中得到启示,借鉴采纳千百年来回族在住居建造中的智慧思想,将其融入回族新型住区的规划建设理念中,建造一种融汇记忆与期望于一体的回族住区。在住区中营造一种"共生"的和谐环境,强调人与人之间的和睦,人与自然之间的和谐。只有记忆没有期望,就没有发展,没有进步,没有人愿意永远居住在条件有限的旧居,其卫生和设施条件都跟不上时代的发展。或者只有期望没有记忆,造成的后果就是失去了自己的印记,容易让人迷失,找不到居住的核心。记忆与期望相协调,注重住区的发展肌理和文脉特征。在宁夏回族住区规划建设中为这个全国唯一的回族自治区保留一种生活的记忆和期望,这种记忆是对回族和汉族文化交融过程中结合出的特色居住风格和宁夏回族文化记忆的延续。期望是改变生活,提高居住需求,追求更舒适的生活,是对居住生活的期望。如果你能理解这种记忆和期望,就能了解这种回族新型住区的真谛。宁夏回族新型住区是融汇记忆与期望的载体,是未来宁夏回族住区发展的必然趋势,也是解决当前宁夏快速发展过程中回族住区发展导向的必然要求,也是解决回族住区居住环境欠佳,设施不全的问题,改善回族群众居住水平,传承回族文化的必然途径。回族新型住区的创新发展,承载着记忆与期望完美结合的重任,充满着挑战与机遇。对于宁夏这一特定地域特征的回族住区,在住区的布局形态、功能结构、院落形式及建筑形式层面都形成了一些极具智慧的建造经验。这些经过历史积淀和验证的传统建造经验,对于回族新型住区适宜性模式的建构具有借鉴意义。

4.7　小结

　　通过实地踏勘调研,重点从聚居区和院落层面对宁夏沿黄城市带区域的回族住区的布局特征进行研究。

　　从宁夏回族聚居区的布局形态和功能结构入手研究。在布局形态上受地形地貌和经济发展的影响,形成了团状、线形、散点布局三种平面形态。以清真寺为"中心"的服务功能主导空间，以清真寺和商业发展为导向的公共空间，以清真寺为景观标志的景观空间，指向清真寺的可达性强的道路交通系统等构成了宁夏回族聚居区结构布局雏形。

宁夏沿黄城市带回族住区院落按功能结构可分为主导空间和辅助空间，布局形态主要分为一字形、二字形、L形、U字形、三合院及四合院等六种，院落面积、空间布局、涵盖功能以及建筑内部功能空间有所不同，院落面积及院门朝向也有所不一。由研究可知，两代人家庭采用一字形布局模式较多，三代人居住的布局形式中L形较二字形应用更为广泛也最节约用地。L形布局能够在保证相同建筑面积的前提下提供更丰富的功能空间布局，一字形次之。

最后，作者从布局形态、功能结构层面总结了宁夏回族传统住区千百年来在布局形态、功能组成、院落形式及建筑形式等层面形成的生态、人文、经济方面的典型特征和建造经验，以期对宁夏回族新型住区的建设有所启示。

第五章 驱动因素分析及回族新型住区空间布局适宜性模式引导框架

透过现象发现事物的本质是理论研究深入的表现。在前面章节对宁夏沿黄城市带回族住区纵向梳理的基础上，本章将继续从横向维度进行当代宁夏沿黄城市带回族住区建设成败的分析，从总体上认识宁夏沿黄城市带回族住区的建设经验。本章从政治、自然生态、社会经济、历史人文、技术等方面对影响宁夏沿黄城市带回族住区空间形态演化的因素作进一步分析。探索建构宁夏沿黄城市带回族新型住区空间布局适宜性模式的引导框架。

5.1 当代宁夏沿黄城市带回族住区空间布局及建设成败分析

自宁夏提出实施中心城市带动战略，以黄河为枢纽，以引黄灌区为依托，以地缘相近、交通便利、经济关联度较高的宁夏沿黄地带10座城市的集聚优势，打造"沿黄城市带"发展重点以来，所辐射的各地级市（县）乃至乡镇、村庄均在沿黄经济发展的战略高地和主要增长极的带动下得到了前所未有的发展机遇。特别是在统筹区域与城乡，健康城镇化道路的要求下，乡镇和村庄的发展成为了沿黄城市带发展战略的最大收益群体，三大产业的结构调整和转型升级与镇村的发展建设联系越来越紧密。在将沿黄城市带（群）打造成为具有宁夏特色的精品城市带的目标引领下，广泛开展"塞上农民新居"以及社会主义新农村建设工作。镇村住区的整治建设与沿黄城市带的发展相辅相成，特别是回族住区，对于体现宁夏的人文特色起着至关重要的作用。回首这几年沿黄城市带回族住区的建设实践，不难发现，过分地追求量的完成，而忽略了"质"的提升，这里的质不是特指建筑质量，而是在住区建成使用后对生产生活方式、民俗文化、住区未来发展所赋予的内涵的提升。住区不仅仅为人们提供一个栖身的"房壳"，更承载人们生活、发展的空间。因此，及时地总结回族住区建设的经验教训，为今后住区的建设提供参考依据，转变"量大质低"的建设现状。加强对回族住区内涵的探索，使得沿黄城市带回族住区真正成为回族居民美好生活的乐土。

基于回族住区规模的差异，分别对乡镇和村庄两个规模层次的回族住区进行调查研究。调查中选择了若干已建成使用的回族住区，通过对影响住区空间布局的因素、居民的生活情况、居民满意度等 3 个方面的调查结果进行分析，总结当代宁夏沿黄城市带回族住区空间布局及建设的成败之处，以期为回族新型住区空间布局适宜性研究提供借鉴。

5.1.1　当代回族住区建设成败解析

1. 乡镇规模的回族聚居区

乡镇回族聚居区区别于村庄住区的基本特点为：服务的人口规模更大，相应的配套公共服务设施以及市政基础设施需求更加广泛，种类和数量也更加繁多；乡镇也是乡镇人民政府所在地，具有一定区域行政中心职能，对周边所辖区域村庄在经济、政治、文化方面具有相当的辐射带动作用，产业发展方面乡镇发挥着它的核心引导作用；此外，沿黄城市带战略实行以来，宁夏全区范围内对沿黄区域的道路、产业等方面的建设与投入力度迅速增加，乡镇作为一定区域内的小中心受到这一政策的带动作用更加明显，对外联系也更加广泛和频繁。因此，乡镇聚居区的建设不仅仅要体现它自身"内在"的转变更要承担起"外联"的职责。在近几年的发展中，诸多乡镇都在探索着自身的转变之路，研究首先从回族聚居区中选取三个具有代表性的回族乡镇——通贵乡、金贵镇、兴泾镇，对其建设发展情况进行比对分析。

（1）乡镇概况

1）通贵乡位于银川市东郊，隶属兴庆区管辖，距银川市区 18.6km，集镇建成区的面积为 48.72 公顷，人口 3000 人，经济上以农业种植、养殖、清真贸易、劳务输出为主。东西、南北两条十字交叉道路构成镇区主要路网框架；现有镇政府、中学、小学、幼儿园、卫生院、农贸市场、牛羊肉屠宰市场、清真寺等公共服务设施，市政设施建设落后，建设规模无法满足当前需求。

2）金贵镇位于贺兰县东南部，南北长 17km，东西宽 16.5km，镇区距银川中心城区 11km，银通公路从镇区南边通过，交通便利，重点发展农业、工业。镇区建成区的面积为 81.75 公顷，人口 4183 人，已基本形成"三纵三横"的镇区道路骨架，配有镇政府、法院、派出所、中学、小学、幼儿园、医院、商贸街、农副产品市场、清真寺等公共服务设施，已完成供电、给排水、通信等基础设施建设，主要街道建设有绿化带及少量环卫设施。

3）兴泾镇位于银川市西夏区南部，北接银川经济技术开发区，第一产业占主导地位，镇区是一个南北狭长的带状集镇，与镇域内各村均有道路相连接，镇区人口 5128 人，建设用地面积 93.16 公顷，道路网架构为"三纵五横"，配有镇政府、中学、小学、幼儿园、卫生所、农贸市场、牲畜交易市场、清真寺等公共服务设施，市政设施建设滞后。

（2）聚居区布局与建设情况分析

在沿黄城市带发展战略的推动下，这 3 个乡镇结合原发展基础形成了不同的镇区聚居区的布局形式。以下分别从背景情况、产业发展现状、布局形态、空间紧凑度、用地指标、功能结构、交通状况、公共服务设施配套、市政设施建设、景观环境营造、建筑形式等

11 个方面的建设现状,对 3 个乡镇的聚居区布局与建设情况进行分析,如表 5-1 和图 5-1、图 5-2、图 5-3 所示。

宁夏沿黄城市带乡镇聚居区布局与建设情况分析　　　　　　　　表 5-1

	通贵乡	金贵镇	兴泾镇
背景情况	(1) 贺兰山东路延伸工程和滨河大道的建设 (2) 粮食作物及清真牛羊肉品质优良,远近闻名 (3) 紧邻黄河,回族风情浓郁	(1) 银通公路与贺兰山路延伸工程紧邻镇区南北 (2) 河湖资源众多、沟渠纵横,水资源丰富 (3) 土地肥沃,农业优势明显	(1) 紧邻银川市中心城区,与城市物资、人员、信息交流频繁 (2) 城市道路直达镇区,南接南环高速,东依包兰铁路 (3) 紧靠银川市经济技术开发区和银川铁路货场,物流运输优势明显
产业发展现状	(1) 农业为重,结构单一,且经营模式传统,生产水平低下,未形成优势特色 (2) 缺乏产业引导,外出务工及运输行业人员居多 (3) 未能有效利用区位交通和文化优势挖掘新型产业	(1) 已成立若干大型农副产品加工组织 (2) 混杂有若干小型污染严重的机床、钢锹工业企业 (3) 未能充分利用众多河湖沟渠发展生态旅游等第三产业	(1) 目前仍以农业为主,但镇区本身土地资源不具有明显优势 (2) 未能有效利用物流运输优势,大力发展相依托的商贸服务业,仍以内生性的浅层次农贸交易为主
布局形态	以发展"马路经济"为主,沿路呈带状式布局形态	镇区用地发展均衡,呈团状布局形态	呈带状布局形态
空间紧凑度	0.4134	0.6355	0.5392
用地指标	人均建设用地 162.4m²;居住用地比例 40.1%,人均 65.1m²;无对外交通用地及绿地	人均建设用地 195.43m²;居住用地比例 54.3%,人均 106.12m²;无公共绿地	人均建设用地 181.7m²;居住用地比例 61.02%,人均 110.9m²;无仓储用地及公共绿地
功能结构	用地分散;公建分布凌乱无序;缺乏明确的功能分区;居住用地比重过大	用地布局松散,建设随意;形成两条商业中心带;工业用地位于镇区中心	功能布局不够合理,行政办公与集贸市场紧邻,学校与居住用地分布于过境交通两侧,居住用地分散,使得市政设施建设难度高,成本大
交通状况	对外交通与对内交通混用,交通组织混乱;镇区道路网络建设不足,联系不畅;无社会停车场;路面随意停车	交通联系顺畅,主干道路网结构清晰,但路网架构不完整,次干道和支路联系不足	过境交通穿越,道路组织混乱;路网结构不清晰,道路建设质量较差,货车量大,路面损毁严重
公共服务设施配套	功能配套不全,缺乏文化、娱乐、体育、健身等服务设施;现有设施规模不足,质量较差,难以满足规定服务半径	公共服务设施配套不全,文娱、体育活动设施缺失;现有设施需扩大规模,提高建设质量和服务水平	文化娱乐设施缺乏,配套缺项严重;现有设施建设质量较低,规模不足
市政设施建设	市政设施配置不足,排水、供热、燃气等管线未能接通,居民基本生活不够便利;供水水质较差,且缺乏节水措施;供电等基础设施配套进程较慢,难以满足发展需要	配套设施缺项较多,特别是与生活密切相关的燃气、供热、污水处理等项目;现有市政设施建设水平低,需改善	市政设施建设水平较低,且无统一排水系统,现有市政设施建设水平较低,管网出现老化、规模不足等现象,需改善

续表

	通贵乡	金贵镇	兴泾镇
景观环境营造	由于市政设施建设落后导致镇区景观环境受到一定影响；镇区缺乏公共绿地，广场等开敞空间不足；缺乏统一规划引导，建筑界面混杂无序，不注重景观环境的建设；环卫设施配置不到位	部分主干道绿化较好，公共绿地和广场的开敞空间不足，空间界面较凌乱	镇区无公共绿地，广场等开敞空间不足，生活环境较差，建设随意，不注重景观建设，环卫设施配置不足
建筑形式	历经几次无统一规划的建筑外墙回族风貌整治，使得建筑色彩、样式极为混乱，无法突出回族住区典型风貌	建筑立面改造与新建建筑形式充分体现了回族风貌，较为成功但部分老旧建筑水平较低，不够协调	建筑形式单一，没有能够体现回族住区风貌的特色建筑，除一些新建建筑外，老旧建筑质量均较差，不利于镇区景观的建设

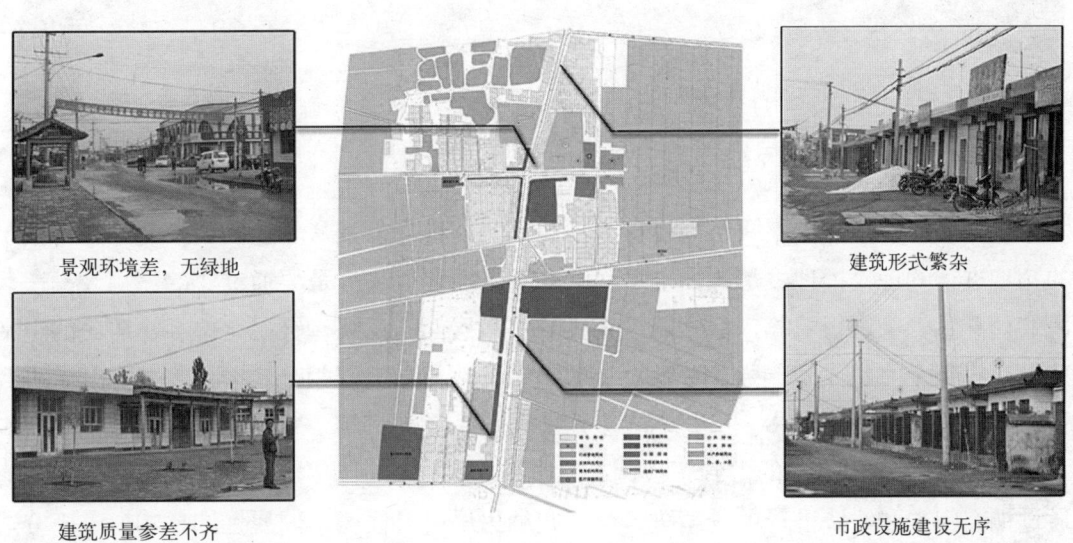

图 5-1　通贵乡空间布局与建设情况图

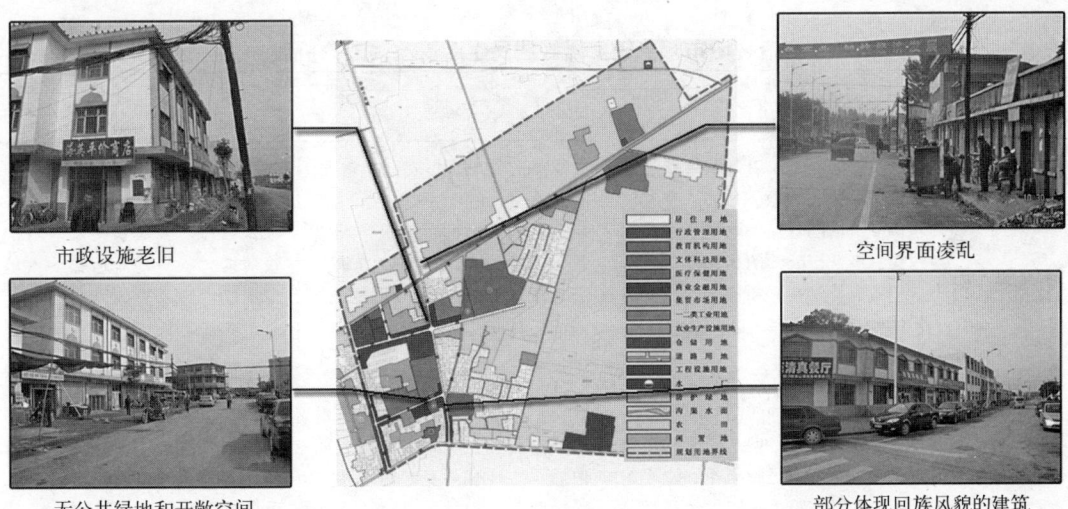

图 5-2　金贵镇空间布局与建设情况图

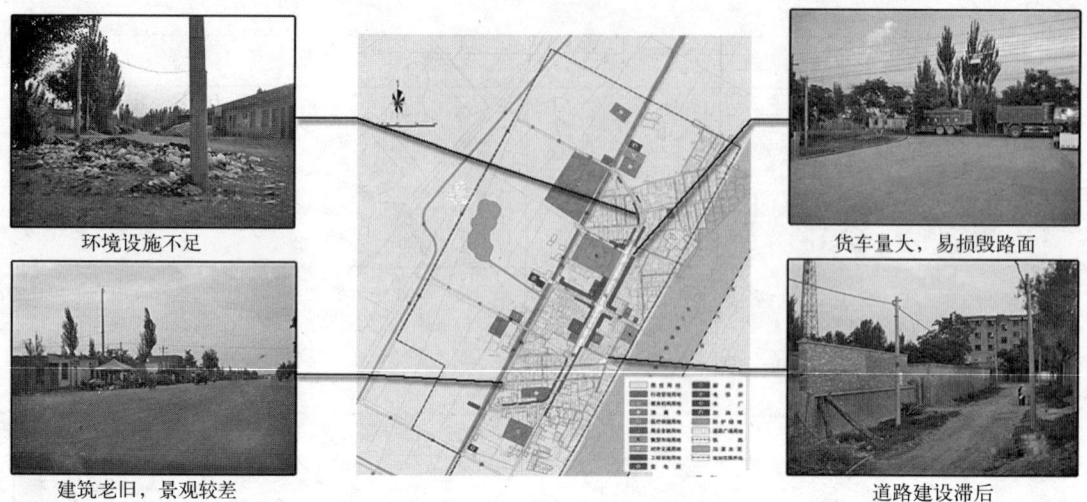

环境设施不足　　　　　　　　　　　　　　　　　　　货车量大，易损毁路面

建筑老旧，景观较差　　　　　　　　　　　　　　　　道路建设滞后

图 5-3　兴泾镇住区空间布局与建设情况图

（3）居民生活调查

以上对乡镇聚居区空间布局设计分项内容的解析，都是从专业的城乡规划工作人员的角度进行的理论推理，是纯技术层面的分析，而住区终究是要通过它的使用者——居民的切身感受来进行检验，这才是最真实的实践层面的反映。针对这些乡镇居民的生活感受，在每个乡镇发放问卷 100 份，回收有效问卷 90 份。被调查者中，18 岁以下占到了被调查总数的 5%，18 ～ 30 岁占到了被调查总数的 15%，31 ～ 60 岁占到了被调查总数的 46%，61 岁以上的占到了被调查总数的 34%。性别结构为男性 42%，女性 58%。通过调查问卷和访谈进行现场调研，分析归纳出居民对住区不同属性的反响，以下分述每个乡镇的调查情况，如表 5-2、表 5-3 所示。

宁夏沿黄城市带乡镇聚居区居民生活情况调查分析表　　　　　　　表 5-2

	通贵乡	金贵镇	兴泾镇
产业与经济收入	72% 的居民仍以延续传统的农业种养为生，收入较低；收入较高家庭，除农业外还从事运输等第三产业。60% 的居民都迫切希望政府能够引导和提供居民更多的就业机会、方向以及技术支持	62% 的居民以农业种养和企业务工为主，收入较平均。53% 的居民对沿黄城市带发展政策了解较多，认为旅游业发展前景较好，希望从事第三产业，提高收入	79% 的居民从事农业种养和传统的农作物与牛羊肉交易，收入较低。多数农民发展意识较薄弱，从事物流运输的人员较少，也想从事收入更高的行业，但缺乏其他行业的了解和技能储备
环境	55% 居民认为住区环境较以往有了很大改善，但是缺乏绿化和活动场地，垃圾收集不到位。主要街道环境好，小路周边环境缺乏整治管理	62% 居民认为镇区环境改善明显，较为满意，但希望也能像城里一样有更多的绿地和活动场地	74% 的居民对住区环境表示不满，认为绿化、垃圾收集、道路整治等方面都做得不够，车辆来往频繁，污染较大

续表

	通贵乡	金贵镇	兴泾镇
设施配置	85%的居民希望能够增加一些文化娱乐设施和健身器材；能解决好供水、供电、供热等的供给	83%居民认为应该像城市一样有一些文化娱乐设施，休闲设施；希望能用上统一供给的水、电、气等，改善生活质量	79%的居民对文体休闲设施的需求明显，且认为现有的公共服务设施质量较低，希望能够新建；特别是对排水问题抱怨明显，经常有排水不畅现象，影响生活环境
文化氛围	当地回族居民对其文化的传承相当关注，对新建的通贵清真大寺赞不绝口，成为平时主要聚集地。78%的居民认为缺乏回族传统文化的表演场所，希望回族文化得到更多人的关注	68%的居民认为镇区建设上体现了回族文化特色，但生活中提供文化传承的空间和设施几乎没有，镇区文化氛围不浓	77%的居民认为无论是在镇区建设上还是在生活中，除了有清真寺可以延续回族宗教文化以外，再无设施供文化的传承，居民文化生活空缺
建筑特色	70%的居民认为展示回族建筑特色初衷是好的，但是风格样式过多，色彩符号五花八门，并没有起到展示回族特征的作用，反而让街道十分难看	64%的居民认为镇区在建筑立面、风格的建设上体现了回族风貌，使得街面显得很美观整洁	60%的居民对镇区的建设十分不满，破旧房屋很多，没有整治；此外，也没有什么特点，回族居民十分希望房屋能有回族元素，体现回族特色

另外，对于居民普遍反映较好，规划管理者层面也基本认为能体现宁夏沿黄城市带未来回族住区发展趋势的吴忠市郭家桥乡的居民进行居民满意度问卷调查，共发放问卷100份，回收有效问卷95份。被调查者中，18岁以下占到了被调查总数的4%，18～30岁占到了被调查总数的17%，31～60岁占到了被调查总数的46%，61岁以上的占到了被调查总数的33%。性别结构为男性49%，女性51%。针对各个问题的反映情况，特别是居民不满意或一般等负面影响的方面进行访谈，问卷统计结果见表5-3。

郭家桥乡居民满意度问卷调查表　　　　　　表5-3

序号	题目	反响					
		程度	比例（%）	程度	比例（%）	程度	比例（%）
1	住区节约土地，提高土地利用效率方面是否满意	满意	74	一般	16	不满意	10
2	住区比过去提供更多的就业机会，有利于增产增收	利于	81	一般	17	不利于	2
3	住区规划在充分利用民族特色，引导发展特色产业方面是否满意	满意	28	一般	39	不满意	33
4	住区生活环境改善方面比以往是否满意	满意	61	一般	22	不满意	17

序号	题目	反响					
		程度	比例（%）	程度	比例（%）	程度	比例（%）
5	住区规划设计在防风、保温效果方面是否满意	满意	64	一般	21	不满意	15
6	住区景观形象建设良好并在体现回族特色方面是否满意	满意	16	一般	57	不满意	27
7	住区院落及建筑造型设计方面是否满意	满意	13	一般	38	不满意	49
8	住区建设是否有利于抗震防灾	利于	40	一般	16	不利于	44
9	住区安全性方面较以往是否更加安全	安全	68	一般	17	不安全	15
10	住区规划建设是否利于回族文化的传承和展示	利于	23	一般	62	不利于	15
11	住区道路交通设计对到达清真寺等公共活动空间便利程度是否满意	满意	80	一般	12	不满意	8
12	综合考虑目前成本收益，您认为在住区中生活经济性方面是否满意	满意	73	一般	16	不满意	11
13	住区在供水、供电等市政设施供给方面是否比以往更加满意	满意	76	一般	14	不满意	10
14	住区在公共服务设施配置和提供丰富的文化活动空间上是否满意	满意	68	一般	16	不满意	14
15	住区管理能够为居民提供信息交流平台，促进住区文化氛围的营造方面是否满意	满意	37	一般	42	不满意	21

（4）成败分析

通过对以上3个乡镇回族住区用地指标、布局形态以及当地居民生活调查分析和对郭家桥乡居民满意度问卷调查可知，在当前沿黄城市带的回族住区建设中还存在着许多共性的问题：

1）产业多样性不足，对政策和自身资源优势的研究利用不到位，产业结构单一，发展水平处于低级阶段。

2）土地利用粗放，未能有效节约土地。

3）用地布局不尽合理，比例不协调。特别是改善居民生活质量和生活环境的公共设施、绿地、道路交通设施等的用地严重不足。

4）公共服务设施配置缺项较多，建设质量低，难以满足居民当前对生活质量的需求。

5）市政设施供给不足，且缺乏有效节能措施。

6）镇区生态环境建设不足，绿地匮乏，不能满足居民对自然环境的需要。

7）住区不注重文化氛围的营造，不关注回族居民精神生活的需求。

8）镇区回族风貌的建设上缺乏引导和研究，建筑风貌经过诸多尝试，但未能有效展示回族特色，适得其反。

2.村庄回族聚居区

村庄聚居区在沿黄城市带的建设中相对于乡镇住区实施难度较小，但是数量众多，建设质量参差不齐。许多村庄紧邻黄河，是沿黄区域内景观与产业发展的重点建设目标，村庄聚居区的规划建设不仅关系到镇村体系重构还关系到迁村并点后的发展。为此，作者选择了具有代表性的 3 个新建或改造住区，对其建设及使用情况进行了调查分析。

（1）村庄聚居区概况及布局、建设情况

1）通南新二村

通南新二村是位于通贵乡南部紧邻通贵镇区主干道的村庄，因通贵镇区迁村并点需要，将 10、11、12 队合并至通南新二村，共 200 户，约 900 人。目前仅对通南 10 队进行了旧村整治改造，院落面积每户均达 300m² 以上，公共服务设施与通贵乡镇区共用，重点对建筑立面、道路、景观以及供电设施进行了整治，如图 5-4 所示。

道路整治　　　　　　　　　建筑"粉墙饰布"　　　　　　　　　院内凌乱

图 5-4　通南新二村住区整治实景

2）河滩村

通贵乡河滩村以河滩 2 队为中心，保留原有 1、2、4 队，将河滩 3 队整体，河滩 4 队、司家桥村零散农户一并迁入新村。同时将现河滩 1、2、4 队进行高标准改造，纳入中心村整体规划。河滩村总占地 244 亩，总建筑面积 67475m²，共安置 450 户，约 2000 人，其中新建农宅 289 户。单户院落面积控制在 4 分地，住宅建筑面积 44713m²，商业建筑面积 17266m²，幼儿园建筑面积 2520m²，社区服务用房建筑面积 2976m²。配套建设项目还有给排水、道路、污水处理厂、垃圾中转站、林带、广场、农用机械集中停放区等（如图 5-5 所示）。

旧居民点整治　　　　　　住区公共服务中心　　　　　　住区与周边农田、新建欧式建筑

图 5-5　河滩村住区实景

3）回乐人家

回乐人家项目位于吴忠市利通区金积镇，西临黄河，南侧为换新天大队及叶家滩。规划用地面积 103320m²，总建筑面积 26800m²，共 201 户，约 1000 人。单户院落面积为 4 分地。这个项目是以发展回族特色旅游为产业基础的新建安置项目。配置有村委会、卫生所、文化站、敬老院以及商业服务网点等，如图 5-6 所示。村庄住区布局与建设情况分析见表 5-4。

公共绿地　　　　　　　　　住区商业　　　　　　　　　各家各户水井

图 5-6　回乐人家住区实景

（2）居民生活调查

宁夏沿黄城市带村庄聚居区布局与建设情况分析　　　　　　表 5-4

	通南新二村	河滩村	回乐人家
背景优势	紧邻镇区，设施农业与养殖业发展基础雄厚	水稻种植规模较大	紧邻黄河，旅游资源优势明显
产业发展现状	农业种养技术传统，经营模式低下，收益较低	农户各自为政，农业种植品种分散，小农经济未形成规模化发展	旅游业、商贸服务业等第三产业未形成气候，发展缓慢。目前仅依靠土地流转补助作为主要收入来源
布局形态	沿镇区主干道带状布局	南北长东西短的长方形用地	沿滨河大道狭长型用地
功能结构	以居住用地为主，形成道路、绿地、居住平行布局结构，未形成集中公共服务和市政设施等	形成新建住宅和改造居民点的穿插组团式布局结构，形成分布于主次入口的商业、文体、管理集中的生活服务中心	形成以临河主入口为中心，集住区公共服务设施与对外旅游餐饮、商贸接待为一体的综合区，居住用地分南北两部分，并配置休闲活动中心

续表

	通南新二村	河滩村	回乐人家
交通状况	重点依靠镇区主干道，住区内部道路未形成清晰骨架	道路组织流畅，分级明确	形成"三纵三横"的路网架构，道路系统清晰
公共服务设施配套	与镇区共享，住区公共服务设施不足	公共服务设施配套建设较齐全，但设备到位不足，未建设清真寺	公共服务设施配套较完善，但规划实施步伐缓慢，配套设施建设滞后，未建设清真寺
市政设施建设	供电、供水设施接镇区，电网集中供给，排水、供气、供热设施建设不足	给排水、供电设施统一供给，供气、供热仍为单户式自家供给，未考虑节能措施	排水、供电设施统一供给，给水、供气、供热设施依然为单户自家供给，未考虑循环利用及节能措施
景观环境营造	住区外部沿街经村庄整治改造较整齐，但院落内部缺乏统一改造，极为凌乱。公共绿地建设不足，没有广场等健身活动空间	景观环境整治较好，注重公共绿地、道路绿化、开敞空间的设计	景观环境营造经统一规划设计，在绿地、开敞空间、景观小品的建设上均较考究，迎合了旅游发展需要
建筑形式	传统西北农村平屋顶建筑，除粉刷外墙以外，未对建筑形式进行民族化改造。特点不够鲜明	建筑采用欧式风格，未能体现回族风貌	以体现回族风貌为主，加入众多回族元素

　　针对居民反映较好和规划管理者认为具有新型雏形的余桥新村的居民进行满意度问卷调查以及访谈，调查共发放问卷100份，收回有效问卷93份。被调查者中，18岁以下占到了被调查人总数的3%，18～30岁占到了被调查人总数的15%，31～60岁占到了被调查人总数的42%，61岁以上的还占到了被调查人总数的40%。性别结构为男性39%，女性61%。问卷统计调查结果见表5-5。

余桥新村居民满意度问卷调查表　　　　　　　　　　表5-5

序号	题目	反响					
		程度	比例（%）	程度	比例（%）	程度	比例（%）
1	住区节约土地，提高土地利用效率方面是否满意	满意	84	一般	10	不满意	6
2	住区比过去提供更多的就业机会，有利于增产增收	利于	77	一般	12	不利于	11
3	住区规划在充分利用民族特色，引导发展特色产业方面是否满意	满意	14	一般	73	不满意	13
4	住区生活环境改善方面比以往是否满意	满意	92	一般	8	不满意	0
5	住区规划设计在防风、保温效果方面是否满意	满意	65	一般	27	不满意	8
6	住区景观形象建设良好并在体现回族特色方面是否满意	满意	84	一般	16	不满意	0

序号	题目	反响					
		程度	比例（%）	程度	比例（%）	程度	比例（%）
7	住区院落及建筑造型设计方面是否满意	满意	85	一般	15	不满意	0
8	住区建设是否有利于抗震防灾	利于	87	一般	12	不利于	1
9	住区安全性方面较以往是否更加安全	安全	87	一般	13	不安全	0
10	住区规划建设是否利于回族文化的传承和展示	利于	22	一般	57	不利于	21
11	住区道路交通设计对到达清真寺等公共活动空间便利程度是否满意	满意	62	一般	34	不满意	4
12	综合考虑目前成本收益，您认为在住区中生活经济性方面是否满意	满意	69	一般	17	不满意	14
13	住区在供水、供电等市政设施供给方面是否比以往更加满意	满意	74	一般	16	不满意	10
14	住区在公共服务设施配置和提供丰富的文化活动空间上是否满意	满意	63	一般	21	不满意	16
15	住区管理能够为居民提供信息交流平台，促进住区文化氛围的营造方面是否满意	满意	53	一般	29	不满意	18

在沿黄城市带的发展过程中，村庄聚居区必然要面临旧村整治、整治与新建协调的迁村并点以及新建聚居区等三种情况。针对这三类村庄的建设实践，作者对当地居民进行问卷和访谈，调查发现：

1）旧村整治为主的通南新二村，仅对沿街建筑进行粉刷和道路两旁改造，这是依托镇区发展而进行的，未考虑通南新二村未来发展，86%的居民认为与镇区共用公共设施极为不便，且对自家房屋整治效果并不满意，73%的居民认为这样"粉墙饰面"的整治没有改善自身的生活环境，还希望建筑能体现回族特色，有利于文化传承。85%的居民希望首先解决供气、供热等基本生活的设施，同时增加绿地和文体活动设施。

2）经过规划的河滩村，69%的居民认为生活环境得到了很大改善，然而集中居住后耕作农田极为不便，生产生活习惯也受到影响，尽管房屋干净整洁了，但约82%的居民对于未来生活收入来源感到茫然。此外，78%的回族居民更希望建筑能够具有民族特征，且能在聚居区内建立自己的清真寺，满足自身宗教信仰需求。

3）回乐人家居民已入住。调查显示，87%的居民对新建聚居区质量并不满意。排水管网设计不到位，排污困难，并且房屋渗水严重，给水仍为每户设一取水井，比以往并未方便多少，只注重了住区外部的景观环境建设，忽略了生活质量的基本需求，且有96%的居民对住区未考虑清真寺的建设表示不满。此外，68%的居民更加担心未来生产、收入问题。尽管住区以发展旅游业为主，但旅游设施建设滞后，缺乏知名度，目前未有游客前来消费，而土地流转后带来的收益并不能够满足生产生活需求。

4）对于情况较好的余桥新村，居民对于具有新型住区规划雏形的住区整体满意度较高。15个方面的问题，其中13项有超过半数的人反响较好，特别是对于土地集约利用、生活环境改善、景观形象建设、院落及建筑设计、安全性方面的满意度甚至超过80%（图5-7）。余桥新村绿化采用点、线、面相结合的模式，使村庄绿化与周围水体、农田融为一体，将自然景观与人文景观充分结合，体现特有的乡村特色。其在引

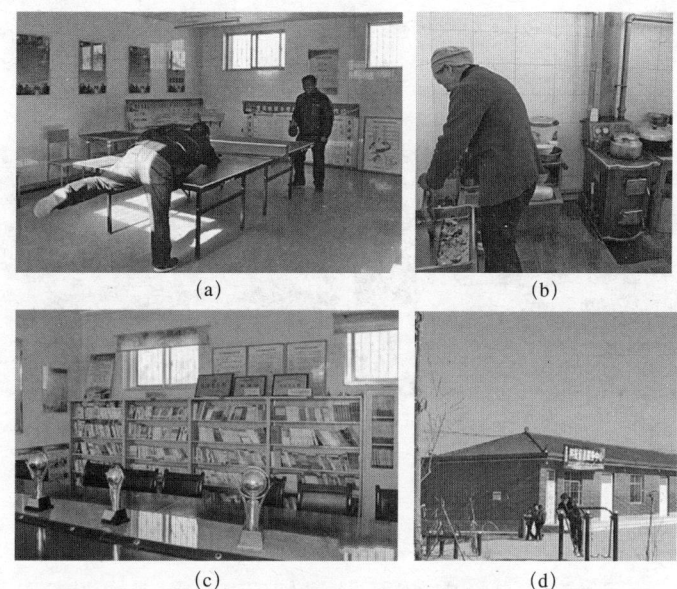

图 5-7　余桥新村生活实景

导发展特色产业和回族文化传承方面满意度较低。在对居民的访谈中发现，73%的居民认为一般是"由于规划设计之初考虑到了通过住区景观环境建设来发展回族特色文化旅游和入户式餐饮接待产业"。由于周边回族文化特色旅游亮点不够丰富，难以形成具有吸引力和竞争力的民俗文化旅游市场，导致此类特色产业在实施运营过程中因不具备充足的发展环境而搁置。尽管住区绝大多数居民对于"住区景观环境建设及建筑设计方面体现回族特色"表示满意，但是对于"住区规划建设利于回族文化传承和展示方面"满意程度依然很低。通过访谈得知，其原因在于该新村内部没有清真寺，回族居民上寺均要到周边清真寺而感到不够便利，在旧村撤并以前，他们是围绕新村北侧保留的清真寺聚居的。新村建设后，原有清真寺虽然被保留，但是已无法形成以往热闹的中心景象。此外，生活在新村中的人们对于这座清真寺的情感寄托也无法得到释怀，远远眺望孤独的老寺，总有种被割裂的感觉。清真寺是回族文化的核心，无论从建筑特色、宗教民俗还是人文心理方面都能够在清真寺的建筑空间中集中展现。因此，即便住区其他环境景观建设充分体现了回族风貌，缺少了清真寺空间的住区在回族居民心中依然是不利于传承和发扬回族文化的。值得一提的是在市政设施供给方面，居民认为供水、供电都较好，唯独供暖方面还有待改进；由于没有集中供暖，各家各户依靠自家燃烧的小型锅炉进行室内供暖；尽

管是采用新型的成形燃料，但是在室内依然会存在一些污染问题，不够便利，希望供暖也能够如城市一般，采用集中方式供暖。总体来看，余桥新村的居民对于该住区的生产生活较满意。访谈中，居民最满意的是住区规划和管理政策的改革为他们提供了更多的就业空间和发展前景，增加了居民的收入，并且也从单一的农业转向更多元化，更灵活的产业结构。此外，丰富的活动空间和完善的设施，既改善了物质生活也提升了精神生活，促进了居民素质的整体提升，使其更愿意在这样的住区中生活发展，如图 5-8 所示。

休闲绿地　　　　　　　　　　活动空间　　　　　　　　　　院落空间

图 5-8　余桥新村空间实景照片

（3）成败分析

通过对 3 个村庄布局、建设情况和使用者的调查和余桥新村的居民满意度调查发现：在当前村庄住区建设的探索中，已经关注到了住区景观环境的营造和生活空间的建造；但是由于缺乏系统、深入的研究，使得在村庄住区的建设中出现了许多不尽如人意之处。

1）未能充分考虑生活安置后农民的生产问题，产业配套和长远发展考虑不足。

2）公共服务设施建设滞后，特别是对于回族居民心理建设最为重要的清真寺规划考虑不足，回族居民更加注重清真寺所形成的活动中心。

3）市政集中供给设施建设不到位，建设质量较低。主要体现在未能充分考虑居民的生产、生活需要和未能充分利用农村特有的种养废弃物资源等两方面。

4）在建筑风貌方面，对回族建筑特色研究不足，采用欧式等建筑形式并非回族居民所期待，不利于回族文化展示和传承。

5.1.2　当代回族住区建设成败的启示

通过以上对乡镇与村庄回族住区建设成败的比对研究发现，虽然乡镇和村庄两级住区规模不同，但是由于居民生产生活习俗的相近，而且在业缘、地缘、教缘、血缘关系方面都存着较大的相似性，与以往的生活环境相比，居民更喜欢居住在兼具节约型、生态型、产业型、防灾型、文化型、低碳型的新型住区，这样的住区才能够满足居民在生产和生活上的综合要求，也会使人更具幸福感。对于回族居民，他们更加关注文化的传承和展示，以及对于其特有民族习性和内涵的利用。这种文化的传承不仅体现在建筑风貌上，还体现在空间营造以及社会管理层面，只有这三个方面共同作用才能形成一个完整、系统的文化传播体系，才能使得生活在其中的居民以及外来人充分感受到回族文化的特色。有所不同的是，由于乡镇回族住区规模较大，其在景观环境的营造上受到时限及财力的制约显得难度较大，但又正是由于其服务人口较多，产业种类丰富，使得清真寺的中心服务功能作用得以凸显，这两者应在今后的乡镇回族住区建设中应重点关注。

余桥新村实践值得借鉴的是：在空间系统的建构上实现了私密空间—半开放空间—开放空间的圈层式结构，如图5-9所示。通过设置沿渠、沿路绿化隔离带形成的开放空间构成了第一圈层，既使得住区远离了过境公路带来的喧嚣，又为居民提供了散步休闲的室外空间。第二圈层是由住区内广场、道路等构成的半开放空间，这一空间专属于新村居民的活动交流空间，回族居民通常是以家族方式聚居。因此，对于多为亲戚关系的新村居民来说，这样的空间使得他们能够更加亲近的交流，沟通也不受外人干扰，极易产生心理上的亲切感。第三圈层是院落形成

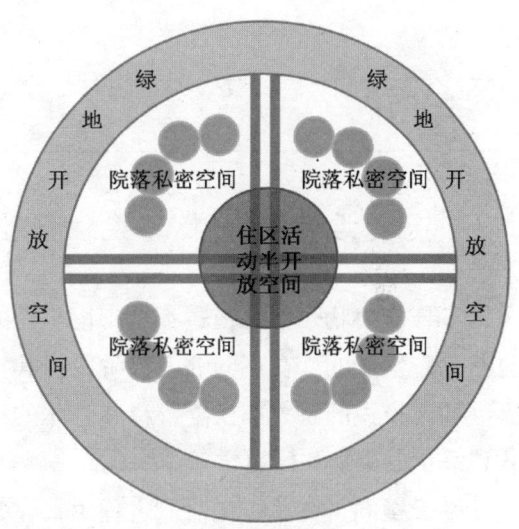

图 5-9　余桥新村空间系统特征图

的私密空间，私密是因为它形成了各家各户独立的生活区域，但通过院墙通透格栅的设计，又使得各自的生活与住区有一定联系，使得居民能够同时观察到住区外部的情况，增添居民生活的安全感。

作者研究认为在未来回族新型住区空间布局规划方面，需要重点借鉴以下三点：其一，应注重清真寺核心凝聚力的体现，以及回族居民对于清真寺的心理依赖感，特别在新村选址和建设上要考虑到老寺的利用，以及围寺而居的传统心理；其二，要更大力度的提升村庄基础设施配置的标准，以集中供给为主，逐步减少分散供给，给居民带来更大的便利和更加舒适的生活环境；其三，除了落实好产业联动在空间上的规划布局以外，更应该注重从发展环境建设方面为实施后产业的发展提供良好的平台，让回族新型住区的产业联动性能够切实发挥它的优势作用，为居民增产增收提供有力保障。

当代回族住区的建设情况和使用者的反馈均反映了镇村住区的探索之路，尽管不足之处居多，但这为未来回族新型住区的健康发展提供了值得借鉴的经验。当代实践之路的曲折艰辛才收获了未来难能可贵的启示，这些建设经验指明了回族新型住区的发展方向和重点，也使得所应具备的基本特征更加清晰，如表5-6所示。

当代宁夏沿黄城市带回族住区建设成败与启示总结　　　　表 5-6

	基本特征	对应的现状问题
启示 1	用地节约，功能复合	土地利用粗放，人均用地指标过大；用地布局分散，部分生产生活设施重复建设；公共服务及市政设施配置不足，缺项较多
启示 2	产业带动，持续发展	产业结构单一，缺乏优势产业带动，经营模式传统低下；居民生活来源问题考虑不足，未形成生活生产的协同发展
启示 3	生态适宜，环境友好	绿地及开敞空间匮乏，不注重环卫设施建设与环境保护
启示 4	安全防灾，空间舒适	建筑质量低下，整治仅考虑美观功能；市政设施老旧，改造建设滞后
启示 5	文化传承，特色鲜明	文化娱乐、体育健身设施匮乏，不注重文化氛围营造；建筑形式缺乏指导，杂乱无章，未能体现回族风貌，毫无特色；住区建设未考虑清真寺对于回族居民的重要意义和心理建设
启示 6	低碳环保，经济实用	部分生活用能仍处于单户自家供给方式，不利于资源统一管理，浪费严重；未结合农村资源特色考虑循环利用和环保措施

5.2　宁夏沿黄城市带回族住区空间布局模式驱动因素分析

　　和任何事物一样，模式不是永恒不变的。宁夏沿黄城市带回族新型住区的布局模式也是动态发展的。在不同的发展阶段，其空间构架的重心存在客观的差异。因此，回族新型住区模式的研究不仅要解释其总体的演变规律，而且要分析其驱动因素的影响，为构建和谐的回族住区奠定理论基础。

　　毫无疑问，在城镇化快速进程中，在宁夏沿黄城市带的发展中，影响回族住区发展的因素很多，有些是基础性动因，有些是主导性动因。基础性动因主要有自然生态因素，其对回族住区空间形态的演变是基础性的，如宁夏沿黄城市带所处的自然条件，此条件对人类居住的环境就已经进行了限定，所以说自然生态环境是基础性影响因素，无论何时、何地、何种情况都是该区域人类住区的基础性影响因素。主导性动因是对宁夏沿黄城市带回族住区空间形态结构演变起着主要作用的影响因素。研究又将其分为根本动力（即社会经济发展因素）、基本动力（即技术因素的影响）、核心动力（即历史人文因素）。

　　基础性动因和主导性动因综合作用于宁夏沿黄城市带区域，共同影响着回族住区空间形态结构的演变。在基础性动因影响下，多种主导动因的合力在推动宁夏沿黄城市带回族住区的空间形态的发展。自然生态为回族住区的生成和发展提供前提条件，但是形成之后的发展，则同时受到根本动力、基本动力、核心动力的综合影响，即社会、经济、文化、技术等方面因素的综合推动，如图 5-10 所示。

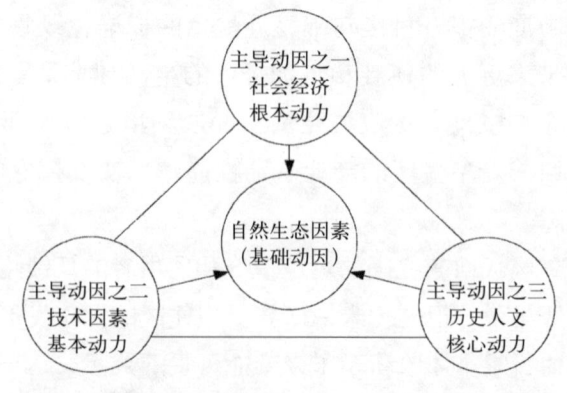

图 5-10　驱动因素分析

5.2.1　基础性动因——自然生态

生态动因是诱发、限制或推动人类住区空间形态产生、演变和发展的各种自然、地理、气候条件等的综合作用力，是推动住区发展的基本动因。生态动因有地形地貌、气候、水源、矿产资源、灾害等。这些生态因子的作用力有集聚力、引导力和限制力等，如水源和资源的吸引是集聚力，地质灾害因子是限制力，地形地貌、气候是引导力等。土地资源、水资源、气候资源、光热资源、植被资源、矿产资源、地形地貌等是人类住区产生和演变发展的基本物质基础。

宁夏沿黄城市带所处中北部地区，北部为宁夏平原引黄灌区，中部为毛乌素沙地、腾格里沙漠边缘干旱风沙区，与宁夏南部的黄土丘陵区地形地貌和气候条件差异较大，造成的社会经济和人类住区的发展差异较明显。宁夏沿黄城市带上的石嘴山、银川、吴忠、中卫等四个地级市的自然生态条件非常类似，对回族住区的生态影响也是相同的。如该区域气候干燥，四季分明，冬长夏短，温差较大，少雨多风，蒸发强烈，降雨集中，日照充分，热量丰富，无霜期短。回族住区在布局形态、道路走向、公共空间的设置、院落的安排、住宅朝向、间距、形态等方面都有诸多的相同点。宁夏沿黄城市带回族住区演化和未来发展的基本动因还是来自于自然生态环境，尽管气候、地形、资源等生态因子的影响有强弱之分，但是影响回族住区空间形态演化和未来发展的生态动因必然是各种生态效应综合作用的结果。

5.2.2　根本动因——社会经济

社会生产力的发展水平及其空间分布格局与人类住区的形态演化及未来发展有密切关系。在远古时期，生产力水平低下，原始人类以狩猎采集为生，聚居环境主要受到自然生态的制约，一般都在河流附近的滩地或是山边，目的就是有利于人类的生存与活动。随着生产力的发展，经济水平的提高，人们生活和生产的范围也在逐渐扩大，首先是易于发展农业和畜牧业的地区人群密集，说明经济活动和生产力水平的提高是推动人类居住和生产环境演化发展的动力因素。不同的社会经济方式决定了不同的人居环境，草原游牧民族逐水草而居的经济生活方式决定了他们游动的居住环境，蒙古包成为适应这种居住方式的"活动房屋"；中国长江、越南以及东南亚一些地区坐落于船上的水上人家、河上渔村则是适应水上经济生活的移动聚居方式；此外，印度树上的家、阿拉斯加空中的家、新几内亚海边的家等都是与人们特有的社会经济生活方式及所在地特别的自然生态环境紧密相关的。

美国区域发展与区域规划专家弗里德曼（J. R. Friedmann）提出了经济空间结构演变理论，即核心—边缘理论。该理论述了经济增长与城镇空间形态演化存在着关系。①前工业化阶段。社会经济不发达，生产力水平低下，以农业经济为主，工业产值在经济中的比重小于10%，商品生产不活跃；各地方基本上自给自足，各地经济发展水平差异小；城镇规模比较小，相互联系薄弱、孤立，等级系统不完善，呈离散型单中心空间发展模式。②工业化初期阶段。社会分工进一步分化，商品交换日益频繁，城镇发展成为物资集散交换中心，成为核心，相对于这个核心其他地区成为了边缘区。工业产值在经济中的比重一般为 10% ～ 25%。核心区与边缘区发展速度不同，核心区与边缘区经济有差异。核心区域依靠它的支配地位，具有更好的发展优势和吸引力，不断吸引边缘区域的劳动力、资金和资源向核心区流动。核心城市积聚而成，核心区空间向边缘区扩张，城市化过程加快。③工业化成熟阶段。工业化发展加速，工业在经济中的比重为 25% ～ 50%。核心区域发展很快，核心区域与边缘区域之间存在不平衡发展关系。中心城市规模较大，对边缘区的扩散效应不断加强，边缘区开始出现新的增长中心，并分别形成极化效应，促成城镇等级规模效应日趋完善。④后工业化阶段。工业化发展进入后期，核心区域对边缘区域的日益加强。边缘区域的次中心也在逐渐发展，逐渐向外围区域扩散，进入到城镇空间相对均衡发展阶段，该城镇体系在功能、形态方面达到良好的整体性。次级核心的外围也会依次产生下一级新的核心，形成新的核心与边缘区域。整个区域成为一个功能上相互依赖的城镇体系空间结构。

在这样的城镇空间发展形态中，核心区与边缘区相互依存，相互矛盾，呈现辩证统一的关系。核心区需要边缘区的资源、劳动力，边缘区则需要核心区的资金和技术等。经过一段时间的发展，城镇体系作为一个整体，核心区和边缘区在不断地相互作用、协调发展。从宏观层面来讲，宁夏沿黄城市带回族的整体生活环境、意识、价值观不同，沿黄城市带上各地区的经济发展水平不一，都会产生不同的发展需求。宁夏沿黄城市带发展战略开始于 2005 年，是自治区层面的区域协调发展方针。宁夏作为我国西部一个落后的少数民族地区，为缩小差距实现跨越式发展，就必须形成城市群带，发挥中心城市辐射带动作用，实施沿黄城市带发展战略，提升宁夏整体实力，统筹区域和城乡发展，促进区域经济持续协调发展（表 5-7）。

宁夏沿黄城市带城市 2005 ～ 2010 年工业产值和地区产值对比表　　　　表 5-7

地区	产值（万元）	2005 年	2006 年	2007 年	2008 年	2009 年	2010 年
银川市	地区总产值	2885029	3353087	4257454	5141139	6442422	7926140
	工业产值	1042997	1283184	1700402	1896584	2366427	2987022
石嘴山	地区总产值	1090554	1297701	1699192	2364385	2707801	2985969
	工业产值	627053	775562	1080506	1523255	1593780	1626703
吴忠市	地区总产值	979561	1175646	1341933	1679686	1902328	2171604
	工业产值	423624	571605	634084	715437	799509	878196
中卫市	地区总产值	665420	760771	916389	1191009	1429824	1731892
	工业产值	175603	210790	273108	383798	441141	507912

由表 5-7 可知：2005 年后，沿黄城市带区域的工业产值占地区生产总产值的比例不断提高。从工业化的初级阶段发展至工业化成熟阶段，城市化水平不断提高，进入快速城市化发展阶段，具备了更加强劲的城市带空间扩张的内在动力。同时呈现城市中心区的扩散效应和边缘区的扩展，新的增长中心也呈发展趋势。

目前，宁夏沿黄城市带 4 个地级市的产业定位呈现如下特点：

银川市是自治区和沿黄经济带核心区的中心城市，其工业主要包括：能源化工、羊绒纺织、机械电器制造、新材料、发酵及制药、清真食品及穆斯林用品等。农业主要包括：奶产业、设施园艺、优质粮食、水产业、清真牛羊肉、葡萄、长枣等。

石嘴山市是资源型城市经济转型试验区，已经形成了以煤炭、电力、钢铁、机械制造等四大传统产业和以稀有金属及镁产业、精细化工产业、电子元器件产业、煤基炭材产业四大新兴支柱产业为支撑的经济发展格局。今后将进一步发展沙湖湿地生态休闲旅游，建设面向宁蒙陕甘毗邻区域的惠农陆港口岸。

吴忠市是沿黄经济区核心区的副中心城市。其已形成了奶产业、设施农业、高酸苹果、滩羊等特色优势产业，煤炭、电力、新材料、农副产品加工等工业产业。

中卫市初步形成了造纸、建筑建材、冶金化工、农副产品加工，电力能源、机械制造业等优势主导产业，形成了硒砂瓜、设施蔬菜、枸杞等特色优势产业。下一步将推进大漠、黄河生态休闲旅游和沙产业发展。

受到以上所述经济发展空间格局的影响，宁夏沿黄城市带空间环境必然呈现出相应的空间环境特征。回族住区是宁夏沿黄城市带经济、社会发展的一项重要组成部分。回族住区的发展处于当前宁夏打造沿黄经济区、大力发展沿黄城市带的大背景下，它不可能脱离这一社会经济环境而存在和发展。国内外对住区的相关研究都表明，撇开对社会经济因素的深入分析和研究，简单从纯技术领域研究住区发展的办法是行不通的。在上一章对宁夏典型回族住区的历史回顾和对当前宁夏回族住区的发展现状的分析研究表明，宁夏沿黄城市带回族住区发展中的问题根源在于对影响宁夏沿黄城市带回族住区发展的社会经济因素分析上的欠缺。经济发展导致的社会结构转型，是导致宁夏沿黄城市带回族住区演变发展的间接经济动因。

受到宁夏沿黄城市带发展战略的影响和产业转变升级的驱动，沿黄城市带的回族居民受到现代先进文化和信息资源的充斥。回族居民劳务输出增加，常住人口减少，对于院落内生产生活空间的需求面积相应的有所减少；且随着生活质量的提高，部分经济发展较快区域可能产生对车库等辅助空间的需要。此外，宁夏回族自治区关于村庄规划建设的相关要求为：节约利用土地、完善基础设施配套，乡镇和村庄院落面积为每户 4 分地。这也为回族新型住区的布局及适宜模式限定了基本条件。

另外，宁夏沿黄城市带回族居民的家庭结构决定了住宅建筑的服务人口数量，同时也决定了建筑功能空间中起居空间的数量及规模。回族家族观念较强，通常习惯于几代人集中居住，且通常回族家庭结构较庞大，亲戚之间来往频繁。因此宁夏常见纳家户、单家集等以主要人群姓氏命名的回族住区。与此同时，相近的血缘、地缘、业缘关系也增加了住区内居民之间的交流、融通。因此，对于起居空间的需求较多，特别是次卧这类接待性的起居空间所占比重比汉族民居大。因此，在回族新型住区院落空间设计中，应适当考虑一定规模的次卧空间。另外，通常经济收入较高的回族家庭所拥有的建筑面积较大，院落平面形态上更加考究。

人的社会需要是社会发展的原动力。中国著名社会学理论研究专家、中国社会学会顾问、中国社会工作者协会常务理事、北京大学韩明谟教授认为，需要就是人们在一定的社会情景下，对客观事物产生的匮乏感而要求得到满足的社会心理反应。所谓"需要"在《辞海》中的定义为："有机体对一定客观事物需求的表现。人类在种族发展过程中，为维持生命和延续种族，形成对某些事物的必然需要，如营养、自卫、繁殖后代等的需要。在社会生活中，为了提高物质和精神生活水平，形成对社交、劳动、文化、科学、艺术、政治生活等的需要。人的需要是在社会实践中得到满足和发展的，具有社会历史性。它表现为愿望、意向、兴趣，而成为行动的一种直接原因。"宁夏沿黄城市带回族住区不同程度的存在着布局混乱、缺乏规划、设施欠缺、没有民族特色等问题。对于目前生活在旧住区中的回族居民，尽快改善居住环境，不仅享受现代化生活的乐趣还能追寻记忆中的本民族传统记忆，才是其梦寐以求的目标。

5.2.3 基本动力——绿色低碳技术

绿色技术的核心是被动低能耗设计（Passive and Low Energy Design），即顺应自然生态原理，不借用外来设备、能源、机械之力，通过绿色的方法、手段达到改善住区整体布局形式、建筑环境质量的目的，其最高境界在于师法自然。它要求人类清醒地认识，"人类是我们所居住的自然系统中的一个组成部分；我们必须主动与之进行抗争，但却不是企图游离于自然之外。……我们必须学会在宇宙中生活，利用我们可畏的技术能力来增强和改善宇宙，而不是破坏它"。

研究所涉及的绿色低碳技术动因是指可再生能源利用、节地节水、节能节材、抗震防灾等规划建造技术的进步和观念的更新对人类住区空间形态的驱动作用。随着科学的进步和社会的发展，绿色低碳技术的驱动作用会越来越显著，并且还在不断地产生新的驱动因子。当今的绿色、低碳发展理念，正在影响着人类的生活、生产的诸多方面。

1. 可再生能源的综合利用

在全球气候变化的背景下，"低碳经济"、"低碳技术"日益受到世界各国的关注。低碳技术涉及电力、交通、建筑、冶金、化工、石化等行业，主要为有效控制温室气体排放的新技术。低碳技术可分为3种类型：减碳技术（减少碳排放）、无碳技术（比如核能、太阳能、风能、生物质能等可再生能源技术）和去碳技术。宁夏虽然经济还不够发达，作为发展中国家的相对落后地区，在现今的发展中应该未雨绸缪，可以将减碳技术和无碳技术为主要研究和发展方向，践行科学发展观，实现可持续发展。

宁夏沿黄城市带所处的宁夏中北部地区，北部为宁夏平原引黄灌区，中部为毛乌素沙地、腾格里沙漠边缘干旱风沙区。中部干旱风沙区干旱少雨、沙化严重，是宁夏主要的牧区，是退耕还林、退牧还草的重点区域。这一地区草原生态系统结构简单，功能脆弱，自然生态条件十分恶劣。虽然宁夏沿黄城市带地区气候环境较恶劣，但其丰富的风能、太阳能等可再生能源都可利用。宁夏乡镇和村庄能源建设起步于20世纪80年代，近30年来，重点进行了沼气、太阳能、风能的利用及节能技术的示范和推广。

（1）太阳能

宁夏太阳能资源丰富，是我国太阳辐射的高能区之一。据1961~2004年宁夏太阳辐射资料统计显示，全区平均5781MJ/（$m^2 \cdot a$），且太阳辐射直接辐射多、散射辐射少，这是太阳能利用的优势。全年平均日照时数多达2835h，年日照百分率达64%，北部石嘴山地区年日照时数高达3100h。在全国31个省会城市太阳能可利用状况综合排序中，银川太阳能可利用状况在全国排序第三，仅次于拉萨和呼和浩特。这表明宁夏太阳能资源丰富，有着得天独厚的优越条件，太阳能开发利用潜力巨大。近些年，宁夏回族自治区政府把开发利用太阳能作为经济社会发展的重要内容，先后出台了一系列特殊优惠政策。1999年，启动了与太阳能热利用有关的"阳光工程"，开展了"千户太阳能热水器示范项目"。银川市把太阳能的开发利用列入清洁能源行动计划，成为国家首批18个清洁能源试点城市之一。据银川市环保局统计，截至2004年，银川市已累计安装太阳能热水器2.7万台，据保守估算户用比例达10%，高于全国平均水平3倍之多。❶

（2）沼气

温家宝总理曾就发展乡镇和村庄沼气做了专门批示：发展乡镇和村庄沼气，是一项很有意义、很有希望的公益设施建设，要积极稳妥的推进这项工作。党和国家高度重视，为乡镇和村庄沼气的建设提供了前所未有的大好形势和历史机遇。

在乡镇和村庄，开发利用沼气，能够有效缓解能源紧缺的局面，保护和恢复森林植被，促进生态环境的改善；可以解决燃料和肥料问题，减少农药化肥的污染，减少蚊蝇孳生；减少因为燃烧煤炭所带来的一氧化碳、二氧化碳、三氧化硫等有毒气体和致癌物质的室内空气污染；有效保护水源，降低污染，改善水环境质量；可以将妇女从繁重的厨房劳作中解放出来，腾出时间从事庭院生产，增加经济收入。因此，一口新型高效地沼气池，起着回收利用农业废弃物的特殊作用，成为联结养殖和种植、生活和用能、生产和用肥、农业和保护生态环境的纽带，成为实现燃料、肥料和饲料转化的最佳途径。

---

❶ http://finance.sina.com.cn/roll/20080907/20395280360.shtml

2. 本土材料的应用

回族新型住区住宅选用建筑材料时必须遵循 5R 原则，即重新评价（Revalue）、更新改造（Renew）、重复使用（Reuse）、减少消耗和污染（Reduce）以及循环利用（Recycle），以求在材料的生产、使用、废弃和再生循环过程中，满足最少的资源和能源消耗及最小的环境污染。在宁夏沿黄城市带区域的回族新型住区住宅建设中可使用生土和粉煤灰砌块、草砖等低碳生态建材。

（1）生土

生土建筑是指利用未经过焙烧加工的原状土为材料修建的建筑物，适合于西部四季干燥地区。生土建筑承重体系分为墙承重体系和框架承重体系。承重墙体可以是生土夯筑或土坯砌筑，为了抗震，转角处构造需做加强拉接。生土建筑的框架往往是木结构，具有较好的抗震性能，屋面往往采用木檩条、木椽条承重，上铺厚麦草做保温层，最后用草泥做屋面。生土墙下部为了防潮，基础通常用片石、卵石或黏土砖砌筑，高出室外地坪 30cm 左右。

（2）草砖房

草砖房是以机械压力捆扎（一般用 14 号铁丝或尼龙绳捆扎）的干燥麦（稻）草秸秆为墙体而建造的房屋，起源于 100 多年前的美国北部。与传统的砖房相比，它具有保温、保湿、造价低廉、节约燃煤、抗震性强、透气性能好和减少二氧化碳排放、降低对大气污染、保护耕地等优点。普通砖混房造价为 400 元 /m² 左右，而草砖房仅为 290 ~ 300 元 /m²，造价上占有优势。利用草砖作为建筑材料，既极大地改善了建筑墙体的热工性能，又降低了房屋造价，为农民节约了建造费用。此外更重要的是，它改变了以往造成严重污染环境的燃烧秸秆的不良习惯，变废为宝，化害为利，加强生态建设和保护环境，为秸秆的综合利用探索道路。

宁夏沿黄城市带大部分区域均为平原地区，农业生产引用黄河水自流灌溉，小麦、水稻、玉米是主要农作物，农作物收割后被废弃的麦秸、稻草、秸秆等都是可利用资源。在项目实践中，选用砖混草砖房结构。其由钢筋混凝土条形基础、砌块墙体结合草砖墙、钢筋混凝土构造柱、钢筋混凝土圈梁、屋盖组成，草砖填充在非承重墙构造柱之间，或者结合砌块墙体作为墙体外保温，只起围护填充和保温作用而不承重；可先施工屋盖后再砌草砖，避免了在建造过程中草砖受潮受损，该结构形式适于建造外形不复杂的村镇住宅，经济适用。利用这种技术，节本降耗，可取得了较好的经济效益。一方面降低了造房成本，草砖房每平方米造价低于红砖房；另一方面，草砖导热系数非常低，能很大程度地降低建筑采暖能耗，节约取暖成本。此外，采用草砖替代了黏土砖，利用了废弃的可再生资源稻草和麦秸，保护耕地和生态环境。在对废弃资源再利用的同时，还极大改善了围护结构的热工性能，以尽较低的能耗代价，实现了舒适的冬季室内环境。

5.2.4　核心动力——历史文化

民族文化传统，是那个民族的广大人民在长期的劳动实践中创造产生出来的，在人民的长期不懈的不断提炼加工中得以完善及传承。无论怎样，民族文化传统中的许多东西都要通过一定的物质载体才能表现和保存下来。特别是在民族融合、信息交流日益便利的今天，汉族生活习惯对于回族民俗及生活的充斥，使得对于保存回族民俗文化的需要更加迫切。我们需要在异质文化的渗透中满足新时期回族居民对于现代化生活的需要，同时传承和延续回族民俗文化，使得民族特色的精华能够世代传承。对于与回族居民生活关系最为紧密的院落来说，这一物质载体显得尤为重要。

研究回族住区规划建设发展中历史因素的作用，可以从物质和精神两个层面进行。物质层面，宁夏沿黄城市带回族住区的存在和发展是一个现实的客观存在，它是回族在宁夏沿黄城市带形成并且辗转发展至今的历史产物，其产生和发展是一个历史过程。换言之，回族新型住区研究的对象是一个客观的历史存在，其中有"物"（不同年代形成的各类民房、清真寺等），有"人"（生活于住区中的回族民众），有"文化"（包括物质空间的回族民居文化和非物质的生活文化）；"物"、"人"、"文化"都包含着丰富的历史信息。回族新型住区的规划建设发展应该尊重这一客观事实，以科学客观的态度来对待这一历史存在。精神层面，就是要深入分析研究回族住区形成的历史过程，寻找其中的偶然性和必然性，挖掘其中所蕴藏的历史内涵，延续有价值的痕迹和元素。简单地说，就是对传统回族住区所蕴含的历史信息采取正确的态度，在回族新型住区的规划建设发展中加以有效地保护和延续。另外，任何当前的建设活动（包括回族新型住区的规划建设），也是同时在书写新的"历史"，所以更应该采取审慎的、对历史负责的态度。研究回族新型住区规划建设发展中历史人文因素的作用，重点在于研究传统回族住区中所蕴含的"历史积淀"的历史文化价值，处理好"保护与发展"、"时尚与永恒"的辩证关系。

"历史"是对"过去"的记忆，是过去发展过程和痕迹的留存。德国存在主义的代表人物卡尔·雅斯贝斯（Karl Jaspers，1883—1969）曾经说："对于我们，历史乃是回忆，这种回忆不仅是我们谙熟的，而且我们也是从那里生活过来的。倘若我们不想让我们自己消失在虚无迷惘之乡，而要为人性争得一席之地，那么这种对历史的回忆便是构成我们自身的一种基本成分。"所以说，"历史"是当代人借以认识当代，了解"自我"的物质基点和精神依托。

宁夏回族住区作为回族在宁夏繁衍、生息的产物，作为回族文化物质文明和精神文明的结晶，既是历史文化的载体，又是一种独特的文化景观和文化现象。但是与此同时，回族住区普遍存在着设施欠缺，特色逐渐消失，居住环境欠佳的问题，居民对当前新农村建设持积极支持的态度。

回族住区的规划建设发展是时代发展和人类进步的必然要求。在历史发展的长河中，新陈代谢，去旧迎新是必然趋势，历史文化的延续是一个动态的概念，只有因现代实际生活的需求而产生的保留和保护需求才具有生命力，也才能真正达到保护的目的。传统的回族住区中居住着大量的回族民众，他们在其中繁衍生息，人们的生活需求随着科技进步和观念改变也在不断的变化。因此，传统住区也应该随着时代变迁而发展，使生活在其中的人们享受现代文明的乐趣和便利。对于"发展"的深刻含义，要有全面系统的认识。在第二轮西部大开发的大背景下，在宁夏快速城镇化进程中，在宁夏沿黄城市带区域发展战略稳步实施之时，宁夏沿黄城市带回族住区文化的挖掘、保存、继承与发展面临着新的严峻考验。这里有两条道路可供选择，一条是放弃，一条是继承性创新。所谓放弃，就是对回族先民从唐代开始入居，经宋元至明清，在中华文化与伊斯兰文化的不断交流、协调、对话、结合中形成传统的回族建筑文化、居住文化予以放弃。放弃就意味着对回族先民及当代回族历史的否定，就意味着对数百年及上千年来回族民族苦苦探索、执着追求，承载着回族智慧和心血的建筑艺术、与环境协调融合的生态智慧的抛弃。很显然，这是一条行不通的路。所谓继承性创新，是在继承传统的基础上的创新，是在与时俱进的前提下的创新，是在面对未来发展中的创新。传统住居文化要继承、发展，要延续其生命力，根本的出路在于变革，就是要顺应时代，立足现实，坚持发展的观点。"新陈代谢"是一切事物发展的永恒规律。只有通过与现代科学技术相结合的途径，将传统民居按新的住居理念和生产要求加以变革，只有通过与现代科学技术相结合的途径，才能在传统民居中注入新的"血液"，使传统形式有所发展而获得新的生命力。这条创新之路才是回族住居文化应对城市现代化进程的光明大道。因此，规划建设宁夏沿黄城市带回族新型住区才是宁夏回族住区的必然选择。

通过"保护与发展"辩证关系的探讨，可以看出保护与发展是并行不悖的关系，保护延续回族传统特色是为了更好地发展，而发展是一种积极的保护方式，通过发展可以使被保护的对象更具有生命力。

调查发现，穆斯林群众普遍认为吴忠回族传统的聚居模式已经发生了大的变化。他们认为在城市建设的规划中，应该在考虑建筑规模和商业效应的基础上，进一步考虑民族宗教文化传承的问题。他们希望有关部门在城市规划和建设时应该听听民族宗教界人士及政协、人大代表的建议和意见，以体现回族聚居城市的宗教文化功能，更好地满足穆斯林群众在文化生活、宗教信仰、风俗习惯和心理方面的需求。

快速城镇化以及党的十六届五中全会提出了"生产发展、生活宽裕、乡风文明、村容整洁、管理民主"的社会主义新农村建设总体要求，"十二五"规划纲要也明确提出，要推进基本公共服务均等化，逐步缩小城乡区域间生活水平和公共服务的差距。这些政策与宁夏沿黄城市带回族住区的发展是互相促进的。社会经济的发展使生产、生活方式发生了转变；基本公共服务均等化发展要求用地要节约，住区要有产业带动，同时满足安全性的要求；历史文化传承延续发展要求回族新型住区中清真寺的核心作用不能改变，文化传承和特色鲜明成为发展必需；自然生态要求新型住区一定要满足生态性和低碳环保的发展要求。

5.3　回族新型住区空间布局适宜性模式引导框架

在宁夏沿黄城市带的大规模建设发展中，回族住区的保存、继承与发展面临着新的严峻的考验。所谓继承性创新就是在继承传统回族住居文化的基础上吸收接纳新的技术，实现与时俱进，积极面对未来的发展，实现记忆与期望的统一。这才是宁夏沿黄城市带回族住区未来发展的必由之路。

5.3.1　理念体系

规划、建造的最终目的是为了获得人们在其中的居住与生活，空间的营造是其中很重要的因素。规划师规划大空间、建筑师营造小空间都正如雕塑家用泥土造型一样。空间的营造与人们在现实生活中的生活行为、居住需求有着很密切的和直接的关系。

住区的空间形态形成和动态发展有客观规律可循，有的是自然地理区位和地理环境等天然条件因素（如山体、河流等）影响的，另外一种则是由于规划等非自然因素影响的。虽然前者在规划和建设上是不可能或者很难改变的，但是后者却是可以通过规划引导，逐渐发生变化或者改善。因此，在回族住区的规划布局中，对于住区功能结构与布局形态进行分析定位，既要依据客观条件符合规律，又应在一定程度上发挥主观能动作用，促使住区朝理想方向发展。所以，在回族住区空间布局探索中，主要从经济、社会、文化、环境等角度提出解决办法。

一个有特色的城市才是有魅力的城市，同样，一个有特色的住区才是有魅力的，才是美丽的，才具有长久生命力。宁夏沿黄城市带的特殊地域特色是历史与自然赋予的特殊资源，是唯一的，独有的。宁夏沿黄城市带的自然地理与回族文化相结合所产生的地域文化特质是宁夏回汉人民创造历史的必然结果。视自己本身的传统文化于不顾，盲目地去照搬、模仿、克隆外域文化，特别是所谓的欧式风格住区的产生，无疑是对宁夏的回族文化的一种扼杀。在宁夏沿黄城市带规划建设的大规模快速推进中，打造具有宁夏地域特色的回族新型住区，不仅对传承回族文化起到非常积极的促进作用，还对宁夏沿黄城市带的建设起到推动作用。

回族住区是回族聚居程度较高的住区，生活习俗和习惯的养成沿袭着多年的传统，面对当今全球环境污染、生存环境质量恶劣的大背景，回族民众对其所居住的环境也有了更高的要求。回族住区对住区整体布局、公共服务设施的合理布局、房屋建筑的节能环保等都有了需求。

根据宁夏沿黄城市带回族住区发展演进规律和其现状的发展特点，今后宁夏沿黄城市带回族新型住区的发展目标应该是更加突出用地节约、产业带动、生态适宜、安全防灾、文化传承、低碳环保等特征，如图 5-11 所示。

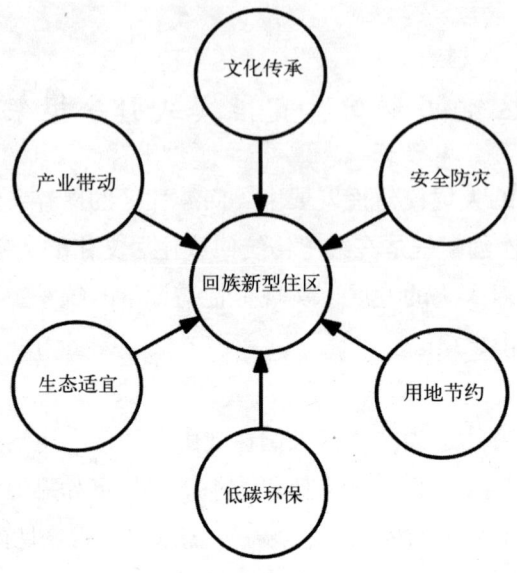

图 5-11　回族新型住区特征

　　作者通过对传统回族住区建造经验的梳理，充分考虑新型住区发展理念对回族传统住区产生的冲击，从住区系统的功能结构关系和回族住区典型的"中心"布局模式特征入手，构建宁夏沿黄城市带回族新型住区的发展理念，如图 5-12 所示。

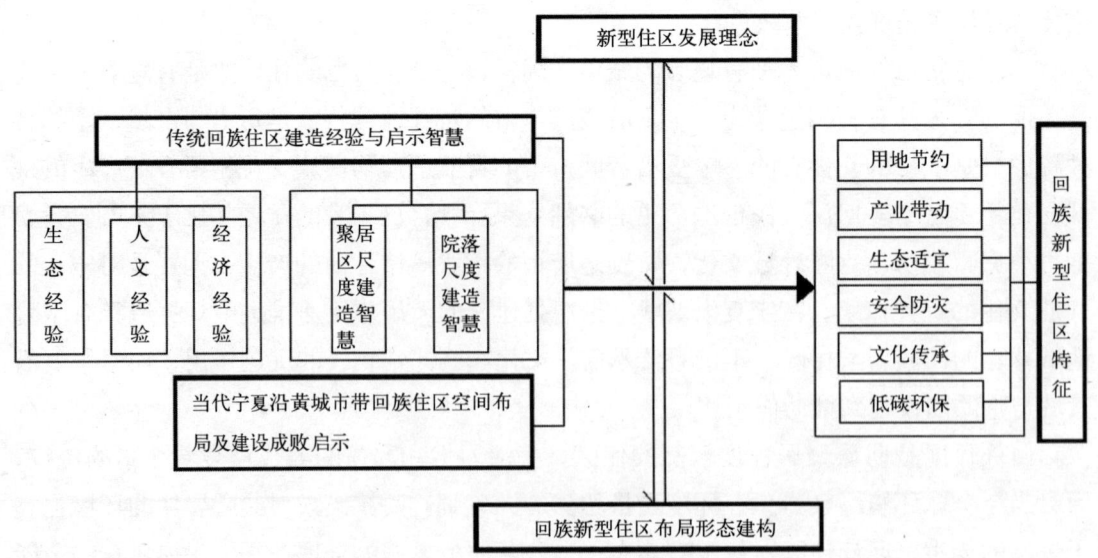

图 5-12　回族新型住区空间布局形态建构

112

1. 用地节约

当前，我国的用地仍然很紧张，18亿亩的耕地红线依然是人们今后一直需要坚守的底线。在宁夏沿黄城市带回族新型住区的规划建设发展中，依然严格遵循川区户均4分地，山区6分地的建设标准。在2006年发布的《宁夏回族自治区村庄建设规划编制导则（试行）》的通知中明确要求：宅基地标准为：占用水浇地的，每户宅基地面积不超过270m²；占用平川旱作耕地的，每户宅基地不超过400m²；占用山坡地的，每户宅基地面积不超过540m²。具体按各县（市、区）人民政府规定的标准执行。随着经济的发展，人民生活水平的提高，适当提高住区的容积率，增加住宅高度，如二层住宅已经很普遍而且也能被广大群众所接受。同时，实施城乡建设用地增减挂钩项目，是宁夏统筹城乡经济社会发展，加快推进城镇化进程的需要，也是促进土地节约集约利用，缓解建设用地指标不足矛盾的有效途径。

2. 产业带动

回族住区的产业发展，一个是依托投资的企业，另一个是依托回族的民族特色。回族花儿、回族服饰、回族医药等已入选国家非物质文化遗产名录，是我国重要的历史文化遗产。在宁夏沿黄城市带的部分回族住区（如吴忠市东塔寺乡的穆民新村），很好地体现了回族宗教文化及民俗文化的传承，并将回族文化与第三产业中的旅游业紧密结合，不仅实现了回族新型住区的物质空间的改造和提升，同时在这样的住区环境下，也实现了回族文化的有效传承、宣传、示范和推广。通过打造民俗文化旅游区，使回族的物质文化和非物质文化遗产得以传承，并为更多人所熟知，也为当地村民带来旅游收入，实现回族新型住区的可持续发展。

3. 生态适宜

宁夏地处黄土高原与内蒙古高原的过渡地带，地势南高北低。沿黄城市带所包含的石嘴山、银川、吴忠、中卫等4个地级市位于宁夏中北部，以干旱剥蚀、风蚀地貌为主，是内蒙古高原的一部分。该地区属于干旱、半干旱地区，自然环境脆弱，生态承载力相对脆弱，气候干燥多风，土地沙化，干旱缺水。宁夏沿黄城市带回族新型住区的规划建设中，要充分注意生态条件的适宜性，从村庄整体空间布局形态到新建住宅的选址、朝向、体形、间距，甚至外部空间的构成和色彩的使用等方面，采用技术手段形成良好的居住条件和有利于节能、防灾的小区域环境。沿黄城市带地区冬季寒冷，夏季炎热但日夜温差较大，较之冬季要适宜居住，所以冬季的防寒问题是规划中需要考虑的重点。在规划中充分考虑气候条件，减少其在冬夏利用率上的差异，增强它在冬天的活力；主要解决冬季严寒和防风问题，考虑风向，在村落总体布局时利用地形对气候的有利"修正"，受庇护、有阳光的、地势高亢的地点为首要选择，避免"霜洞"效应。布局集中紧凑，在确保建筑享有充分日照的前提下，合理提高建筑密度。为减弱冬季西北风的危害，在道路系统的设计中主要道路要宽敞，并作为阳光通道，多呈东西走向。在村庄公共建筑和住宅中尽量多地使用绿、白、黄、蓝这几种回族喜爱的颜色中的黄色，与以绿色为主调的清真寺建筑配合，相得益彰，形成村民公共活动中心，既美化了环境又能在寒冷的冬季营造温暖的空间。

回族本身非常注重生活环境的整洁和美化，特别是对于自然之美的崇尚。因此，新型民居院落空间设计中，应特别注重庭院的规划设计，为其提供大面积的植被种植空间。既能满足人们对于美的需求，也能通过院落绿化来调节小气候，改善空气质量，使人居住起来更加舒适惬意。

4. 安全防灾

在规划中严格遵循《建筑抗震设计规范》的抗震设防标准要求。村庄道路应保证一定的宽度，两侧建筑应考虑倒塌后不会中断交通。加强村庄道路桥梁的抗震能力。根据《宁夏回族自治区县（市、区）域村庄布局规划编制导则（试行）》要求布置绿地和室外空地，平时作为村民休闲使用，震时可作避难场所。

5. 文化传承

宁夏自唐朝以来，就逐步形成了众多的回族聚居区，可以说宁夏回族的形成是中国回族漫长的民族融合史的缩影。回族在宁夏这块土地上经历了上千年的繁衍生息，形成了独具特色的回族文化和传统的回族住区。特别是银川、吴忠、同心等历史上就有众多回族人口聚居的地区，至今仍保留了较多数量的传统回族住区。这些传统回族住区为研究回族宗教文化、回族传统生活习俗、回族社会构成、伦理道德体系、回族文化传承等提供了重要的依据和鲜活的实例。在快速城镇化时期，由于人们生活环境和条件的变迁，民族或区域文化特色消失加快。因此，在宁夏沿黄城市带的发展中，注重回族新型住区的规划建设，有利于对回族传统文化的传承，对回族文化遗产的保护，具有更加现实的紧迫性。

6. 低碳环保

从影响空间布局的驱动因素来说，目前宁夏沿黄城市带回族住区的发展主要受能源应用、建材使用等方面的影响。宁夏地区丰富的太阳能、风能、沼气等都是利用自然条件改善环境质量的途径，对环境的破坏最小，可操作性强，成本低，易于推广。因此，对自然能源的低成本的有效利用，一直都是宁夏沿黄城市带回族住区户外环境空间营造的依据。利用自然能源改善户外环境，综合利用风能、太阳能、沼气等新能源，利用绿化进行户外环境的微气候调节等都是低碳环保的有效手段。

5.3.2　目标体系

1. 总体目标定位

宁夏沿黄城市带回族新型住区应能实现和谐、系统、动态、循环等目标。和谐，指实现自然资源与文化资源的可持续性发展。系统，指将住区中的各要素与各层级纳入到一个整体系统来考虑。动态，指住区规划建设应遵循时间与空间的动态发展规律。循环，指住区各系统资源的循环共生。实现宁夏沿黄城市带回族新型住区的核心问题，即将住区各要素形成的建筑体系、基础设施体系、景观体系、文化体系等各子系统，运用动态发展观念，寻求其与整体资源的最佳平衡互进、循环共生，从而实现住区的高效与和谐发展。

2. 不同层面的目标定位

在宁夏沿黄城市带回族新型住区规划建设中，必须根据当前的不同发展条件、发展层面提出不同的发展目标。

（1）基本目标，也叫最低目标，就是针对目前宁夏沿黄城市带回族住区住居环境中存在的最主要的、影响广大回族民众基本生活的、最迫切需要解决的问题，提出解决的方法和措施。这也是近期宁夏沿黄城市带回族新型住区规划建设的重点，也是今后回族住区所必须达到的标准。这个层面的主要工作目的是使回族住区建设能满足回族群众最基本的生活要求，主要工作内容是制定强制性的规划，并对现有的住宅进行适当改造。

（2）更高目标，就是在达到一定条件下可以实现的宁夏沿黄城市带回族新型住区发展目标，也是适度超前的目标。这个层面的主要工作是创建各类示范小区，制定现阶段的回族新型住区评估标准及其相应的技术导则。

（3）理想目标，就是住区发展的终极目标。这个层面的主要工作是通过理论研究，建立宁夏沿黄城市带回族新型住区的空间布局适宜性模式，探索未来宁夏沿黄城市带回族新型住区的发展方向，实现和谐、系统、动态、循环等的发展目标。

5.3.3　构成层次和规模

在对影响宁夏沿黄城市带回族新型住区的驱动因素分析的基础上，针对回族新型住区空间布局的适宜性模式引导框架，确定引导模式的构成体系。

1. 构成层次

为使宁夏沿黄城市带回族新型住区的布局形态既保留传统精华又能融入更多时代要素的发展方向。按照宁夏沿黄城市带回族住区的规模，可分为四个层次：住宅—院落—村庄住区（片区）—乡镇。在这个系统的构成单元间存在着相互依存的关系，同时还与外部环境保持密切的关系。如果从宁夏沿黄城市带上回族聚居发展的空间形态历史变迁来看，其发展经历了聚居—具有规模的村庄—乡镇的发展历程。同时也形成了这样一个空间构成层次，如图 5-13 所示。

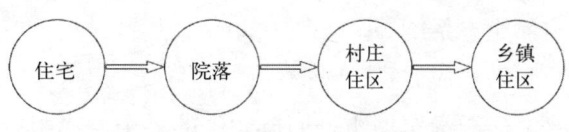

图 5-13　宁夏沿黄城市带回族住区构成层次图

（1）住宅，回族住区空间形态的基本要素之一。

（2）院落，由住宅为主体构成的最基层单元。

（3）村庄住区（较大乡镇的片区），由院落构成的融合技术、经济、社会、生态、文化等综合因素的基本居住单元。

(4) 乡镇住区,由多个片区及其他功能共同构成的生活居住单元,同样具有用地节约、产业带动、生态适宜、安全防灾、文化传承、低碳环保的目标特征。

2. 构成规模

主要是指村庄住区和乡镇住区的人口、用地规模。考虑住区规模的原因是公共服务和基础设施配套,而且住区规模与地理条件、经济发展水平等相关。不同的条件和发展阶段,规模都有发生变化的可能。本文仅对合理规模作初步探讨。

村庄回族住区是一个符合自然地貌条件,公共服务配套齐全,基础设施经济的基本的居住单元,其规模大约在 100～300 户。这一规模是可以构成邻里交往,相互交流、协助,进行宗教活动的合理人口规模。

乡镇回族住区是由多个回族居住片区和乡镇公共设施、基础设施等组成的区域,规模在 2000 人以上,基本上满足教育、文化、宗教的需求以及乡镇的生活功能需要。

5.3.4 构成方式和要素

1. 构成要素

构成要素涉及宁夏沿黄城市带回族新型住区各层次的空间布局形态,其主要物质形态方面和非物质形态方面的构成要素在不同层面上有所不同。

(1) 住宅层面:涉及住宅的空间布局形态(如居室、客厅、厨房、沐浴空间、礼拜空间等),水、电设施,住宅造型,结构,装饰,家庭人口构成等社会因素,建设投资等经济因素,建筑材料等技术因素,自然因素等。

(2) 院落层面:涉及住宅院落,自然生态环境,水电,庭院经济,院落空间,沼气、太阳能等生态节能设施,文化因素,技术因素等。

(3) 村庄住区(较大乡镇的片区)层面:涉及院落,道路,公共空间,自然生态环境,绿化景观,清真寺,商业服务,管理机构,教育文化,第二、三产业,邻里交往,血缘、业缘等社会因素,经济因素,文化因素,技术因素等。

(4) 乡镇住区层面:包括各组成片区,道路交通,第二、三产业用地,公共服务设施(学校、幼儿园、商业贸易、科技服务、文化站、医疗站、管理等),基础设施(给排水、供热、电力电信,垃圾处理),人口变化、社会组织等社会因素,传统与现代文化的碰撞与冲击,自然生态系统等。

2. 构成方式

宁夏沿黄城市带回族住区的各个层次组合在一起的整体空间构成方式为:下一层次是上一层次的组成部分,上一层次包含下一层次的内容。宁夏沿黄城市带地域多为平原地带,住区规模受自然条件的限制较少,受公共服务和市政配套设施的规模影响较大。在总体构成关系基础上,受地理地貌条件和经济发展水平等因素的综合影响,不同环境条件下的空间构成方式产生了不同的变化,如图 5-14 所示。

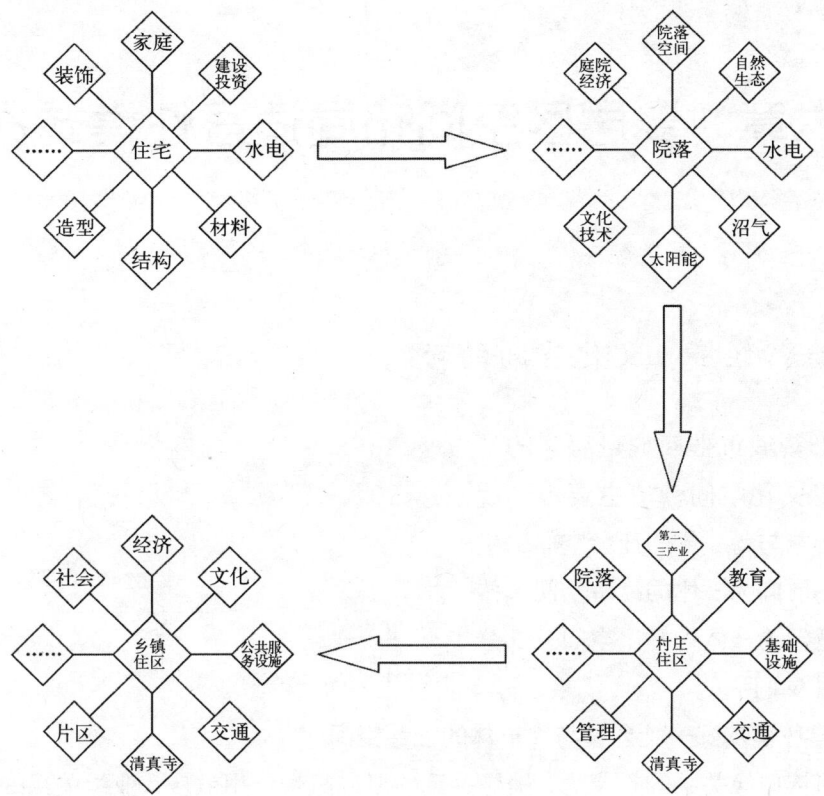

图 5-14 构成要素及组成方式图

5.4 小结

本章通过对当代回族住区建设成败的深入分析，为未来回族新型住区的健康发展提供了值得借鉴的经验，其为回族新型住区的发展指明了方向。同时充分考虑新型住区发展理念对传统回族住区的冲击，归纳影响回族住区发展的因素，包括基础性动因和主导性动因。基础性动因主要指自然生态因素，主导性动因又分为根本动力，即社会经济发展因素；基本动力，即低碳可持续发展的理念的推行；核心动力，即人文因素。

从住区系统的功能结构关系和回族住区典型的"中心"布局模式特征入手，构建宁夏沿黄城市带回族新型住区的发展理念。同时提出宁夏回族新型住区的引导框架，其发展目标应该是更加突出节约型、生态型、产业型、防灾型、文化型、低碳型等特征。提出了住宅—院落—村庄住区（片区）—乡镇的四个层次的回族住区空间构成体系。确定了 100 ～ 300 户最基本的居住单元的村庄住区和 2000 人的乡镇回族住区规模。同时明晰了各层次的构成要素和构成方式。

第六章　聚居区空间布局适宜性模式探索

6.1　社会、经济、文化空间的营造

宁夏沿黄城市带回族聚居区的社会、经济、文化空间营造主要由环境友好—社会参与为一体的社会空间、生活—生产—信仰为一体的经济空间、传承—有机更新为一体的文化空间三部分组成，如图 6-1 所示。

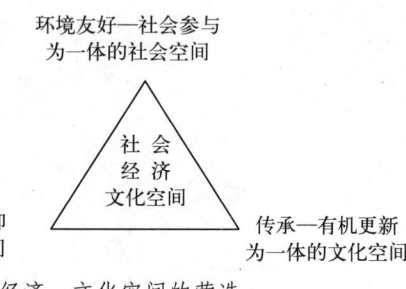

图 6-1　社会、经济、文化空间的营造

6.1.1　构建环境友好—社会参与为一体的社会空间

宁夏回族血缘关系的凝聚力，地缘关系的聚合纽带作用效应，业缘关系的聚集功能，信仰关系的纽带作用等共同构成了回族聚居区的社会结构形态。

1. 提高居民对回族新型聚居区的认识

无论从规划者的层面，还是从居住在回族新型聚居区的居民层面，都需要对回族新型聚居区有一个认识和接受的过程。在这个过程中，居住者必将对回族新型聚居区与以往传统回族聚居区进行对比，可得出回族新型聚居区在用地节约、产业带动、生态适宜、安全防灾、文化传承、低碳环保等方面优于传统回族聚居区的结论。对于居住者来说，更为直观的体验便是生活上的便利和生活感受上的幸福感。

2. 政策集成，信息共享

回族新型居聚居区的规划建设，一方面是回族群众亟待改善生产生活条件的需要，另一方面也是政府惠民政策的集中体现。如在宁夏泾源县国家新农村环境整治工程项目中，政府办公厅起到了政府组织引导的作用；在实施过程中，及时地组织了发改委、民政、水务、规划、农牧、旅游等多个部门；与政策相配套的资金，也得以有效利用，充分体现"规划先行，政策集成"的作用。

当前，乡镇和村庄经济发展，电话、有线电视的普及率逐年提高，这对发展乡镇和村庄经济产生较大影响，但广大农民无法获得其所需要的农产品供求信息、养殖技术等。因为在税费改革和取消农业税以后，乡镇政府传统的农技站、广播站等"七站八所"都经历了变革；在财政困难的背景下，其服务性质和能力有所变化，而农民无法通过计算

机技术获得互联网上的信息。这就使得农民获取信息的渠道具有单一性和被动性，不能主动通过互联网获得更多的科技信息。信息机制的不完善也成为制约乡镇和村庄经济发展的因素之一。

6.1.2　构建生活—生产—信仰为一体的经济空间

1. 实现传统农业到现代农业的转变，构建新型生活—生产空间

回族新型聚居区的可持续发展不仅是聚居区物质空间的建设，更应综合考虑社会经济的可持续发展。在聚居区规划时，必须充分考虑到聚居区群众就业的需要，鼓励村民发展以都市型现代农业为主导的乡镇和村庄产业。如大型畜牧养殖业、设施农业以及配套的农副产品加工业，第三产业中的创意农业、乡村旅游业，回族文化旅游开发等，真正实现一二三产联动发展，使回族新型聚居区能得以可持续发展。

宁夏所处的黄土高原地区，因有充足的光照资源，以及黄河水浇灌之便利，近年来，设施农业成为政府重点扶持的产业之一。因此，在回族新型聚居区建设的过程中，应有效利用聚居区周边现有的农业用地，大力发展设施农业。通过土地流转的方式，吸引大型农业企业进驻，实施企业化经营管理，对村民实施农业技术培训，使留守的村民掌握能够适应现代农业发展需要的农业技能，并实现就地就业。其中，一部分村民将成为产业工人，鼓励一些具有较高文化素质的村民学习农业管理，逐步成为农业企业的中层管理者，带动农民实现产业增收。

2. 积极发展跨境经济，构建新型生产—信仰空间

"中阿合作论坛"的成立，有利于中国把阿拉伯国家作为一个整体来考虑，使阿拉伯国家在我国对外关系中的战略位置更加明显。随着阿拉伯经济一体化进程的不断发展，阿盟成员国将实行统一的产品标准，统一的大市场以及更加便利的人员往来措施。这将对中国商品进入阿拉伯市场，加强中阿经贸合作起到推动作用。宁夏位于中国西部偏东地区，是中国承东启西的战略支点，是我国唯一的回族自治区和最大的穆斯林聚居地区，也是中国深入实施西部大开发战略的主战场。中国政府实行民族区域自治制度和宗教信仰自由政策。信教群众和不信教群众相互尊重，和睦相处。宁夏是中国民族团结的典范，社会稳定，民族和睦；回族与阿拉伯国家人民都信仰伊斯兰教，文化相近，这为宁夏举办国家级的展会创造了良好的社会环境。选择在宁夏举办面向阿盟成员国和穆斯林国家的经贸展会，极易得到中国其他穆斯林地区的支持。

因此，利用跨境民族文化优势，积极发展跨境经济，将成为未来宁夏重要的经济支撑点。对于回族新型聚居区而言，针对这一巨大的历史机遇，未来将重点发展以下几个方面的产业。

（1）发展以中东阿拉伯国家为主要对象的国际贸易

回族历来崇尚经商，千年来传承了优秀的回商文化。在面对中阿经贸论坛这一重大历史机遇时，应通过多种方式，鼓励回族新型聚居区的居民从事非农业生产，并借助民

族的优势，鼓励村民在接受经堂教育的过程中，学习阿拉伯语，并重点学习常用阿拉伯语和商贸阿拉伯语。以往宁夏的阿拉伯语人才纷纷聚集到浙江义乌小商品城为来自阿拉伯国家的人做翻译。未来，随着中阿经贸在宁夏的深入开展，宁夏将成为中国向阿拉伯国家及穆斯林国家出口的另一重要阵地。一些掌握阿拉伯语的群众可作为阿拉伯语的翻译人才，而一些具有经营头脑的回族居民，可根据政策获得资金支持，从事与阿拉伯国家的国际贸易。

（2）发展针对中东市场的清真认证的畜禽类养殖及加工

民族文化优势有利于回族利用好国内、国外两个市场，把回族经济推向国际。目前，针对中东及穆斯林国家的出口产品，均需要有清真认证，而目前宁夏尚未有在国际上认可的清真认证产品。在农产品及加工产品的出口方面，还存在壁垒，应尽快通过建立国际清真认证标准的生产基地，扶持更多的农产品加工企业申报国际清真认证。特别是清真食品方面，从食品原料、种植基地、畜禽养殖环境，到加工、屠宰过程，包装过程等的全生产链，建立全过程清真认证的体系。应鼓励回族聚居区周边形成全产业链体系清真认证的养殖基地，提高农产品的品质，增加农产品的附加值，直接出口阿拉伯国家，实现创汇。

3. 构建文化产业和乡村旅游产业结合的生活—生产空间

世界上很多国家的发展证明，文化产业将像商业、旅游业一样逐渐发展成为支柱产业。文化产业的发展已经成为世界潮流，在经济发展中具有越来越重要的地位。文化产业不仅有利于经济的发展，也有利于民族文化的保护。回族纯真质朴的民族思想情感、新奇诱人的民风习俗、神秘而深邃的宗教信仰一直吸引着人们的注意。

利用回族新型聚居区丰富的民族文化资源，把本地的文化资源优势转变为经济优势，通过深入挖掘回族的优秀民族文化，并将其包装整理成为文化旅游产业的核心，以实现更高的经济效益，加快回族地区的经济发展。

特别是一些回族的非物质文化遗产，如回族的掐丝画、花儿、宴席曲等，都可以通过留守的妇女、老人及儿童进行传承。应有计划地组织这些留守的回族居民学习回族的文化传统，并组织这些群众在聚居区社区环境内，进行回族手工艺品的制作。由于传统的回族手工艺品受到历史条件的制约，较为粗劣。邀请专业的设计人员，在传统技艺的基础上，进行文化创新，并培训留守人员学习制作手工艺品，并将手工艺品作为旅游商品。这将成为回族新型聚居区的妇女、老人实现就业的一种方式。

乡村旅游是未来回族新型聚居区居民增收的重要渠道之一。对于回族新型聚居区，乡村旅游有了新的内容，传统意义上讲，乡村旅游的一个重要内容就是吃农家饭。而对于回族新型聚居区而言，回族健康的饮食文化为农家饭注入了新的内容。回族的盖碗茶、油香、花花、馓子等独具特色的餐饮系列，成为回族新型聚居区乡村旅游的重要内容。未来，在大力宣传回族特色饮食的同时，更应注入回族健康养生饮食的文化内涵。同时，回族的伊斯兰养生习俗，回族独具特色的手工艺品制作过程以及众多的回族非物质文化遗产，都为回族新型聚居区的乡村旅游注入了多样化的内容。

6.1.3　构建传承—有机更新为一体的文化空间

据调查，在宁夏的一些生态移民点，由政府出资建设的"农家书屋"虽然配备各种农业技术指导书籍、文史书籍等，但却没有一个成人去农家书屋看书。通过深入调查发现，一些来自山区的回族移民，根本不识字，或有的仅有小学文化程度，对于农家书屋的书籍则是不识字看不懂也没有兴趣。可见，回族新型聚居区的教育问题、文化传承问题是亟待解决的。回族新型聚居区的打造是伊斯兰文化传承的物质空间条件，也是快速城镇化背景下回族聚居区发展的必由之路。

1. 加强文化教育，实现文化自觉

回族文化在中国大地上的形成与发展，经历了艰苦的岁月，"文化自觉"精神就是他们发展的动力。回族文化是伊斯兰文化和中国传统文化相结合的二元一体的文化，并成为中国文化的重要组成部分，其动力来源于回族的"文化自觉"精神，来源于回族文化特有的宽容。回族住居文化的传承就需要通过这种兼容并包的"文化自觉"精神来获得。对于回族住居文化传承中出现的问题，要鼓励回族民众以特有的开放、创新的心态和努力进取的精神去面对，使回族住居文化在既不丢失传统的特质，又能在汲取一切优秀文化和技术的基础上得到升华和发展。这个挑战是艰辛的，但却是十分必要的。

在回族新型聚居区环境中，鼓励回族学生接受经堂教育，学习伊斯兰教的伦理道德，特别是当前中阿经贸论坛在宁夏举办的历史机遇下，鼓励学生学习阿拉伯语，了解阿拉伯世界，投身到促进中国和阿拉伯国家的经济交往的事业中。经堂教育是回族聚居区儿童及青少年现代学校教育之外的必要补充。

通过对众多阿语学校的调研获知，阿语学校一般开设实用阿语翻译、汉语言文学、中国"回回"民族史、计算机应用知识、思想品德、演讲知识、写作阅读等课程，课程设置实现了传统和现代的结合。有些清真寺还专门外聘体育老师开设体育课程，注重学生的德智体全面发展。这些经堂教育突破了传统经堂教育授课单一的局限，响应国家对外开放，对内搞活的政策，让学生掌握一门外语技能。宁夏成为中阿经贸论坛的永久驻地后，今后将成为连接中国与阿拉伯世界的重要桥梁。经堂教育所培养出来的新一代穆斯林，将更好地为引进外资，发展经济服务；同时，也为研究民族文化，弘扬民族优良传统，构建和谐社会进行了创新性的探索。这种由文化自觉而产生的教育模式适应了当代中国社会的发展，本身也取得了较大的发展，中阿学校已经发展成为富有民族特色的中等职业学校。

2. 传承回族传统文化，发扬回族文化内涵

宁夏是中国最大的回族住区，拥有鲜明的回族特色。以清真为标志的饮食文化，以砖雕木雕为代表的建筑文化，汉文化和伊斯兰文化相结合的回族服饰文化，以回族的花

儿、口弦、踏脚为典型代表的回族民间文化艺术，经过日积月累，都形成了宁夏独特的文化遗产。

和中国其他非物质文化遗产一样，回族的传统文化也遭遇了现代文明的冲击。一些传统技艺的生存土壤已然消失，自然传承较困难。如果不加以保护，这些宝贵的人类文化遗产将可能最终消亡。所幸的是，传承并保护这些非物质文化遗产已经被列入政府的工作日程。2007年7月，宁夏文化厅公布了6个国家级名录项目传承保护基地和10个首批建立的国家级名录项目传承保护点，永宁县纳家户中华回乡风情园、灵武市郝家桥马氏家族回族口弦传承保护点、平罗县渠口村回族器乐传承保护点等被纳入其中。在示范点内，文化部门将老艺人的技艺进行声像储存，以避免"人去艺失"。此外，选拔一些有志于技艺传承的年轻人由老艺人定期辅导或在冬季农闲时集中辅导。

在沿黄城市带回族新型聚居区建设的同时，聚居区内所配备的中小学不仅要满足硬件设施的建设，更应该加强文化软实力的建设。将回族文化教育列入回族中小学教师的考核内容之一，要求回族中小学教师能够通过区内外组织的专业培训，学习回族文化，特别是濒临消亡的回族艺术；并将回族文化纳入到回族中小学的教育体系内，成为学生必修内容，使回族青少年在教育启蒙时期，就能接受到回族传统文化艺术的熏陶。不仅实现了回族文化艺术的传承，还能通过逐步建立传统文化教育体系，使越来越多已经逐步忘记本民族文化的回族同胞们重新审视自己的民族文化，重拾民族自豪感。在回族新型聚居区内形成良好的文化氛围，营造传统文化得以传承和创新的社会环境。

回商文化是回族传统文化中最具有社会经济意义的文化体系。在宁夏沿黄城市带回族新型聚居区建设过程中，传承回商文化，具有现实意义。挖掘回商文化中的优秀文化，继承发扬，开拓创新，知古鉴金，古为今用，不失为一种明智之举。在宁夏，回族经营食品饮料及牛羊肉屠宰加工业的规模很大，如吴忠涝河桥镇的清真牛羊肉加工业、吴忠金积镇的夏进乳业、同心县羊绒加工业等。在回族新型聚居区产业体系构建的过程中，回族聚居区居民应有意识传承优良的回商文化，特别是现代回族企业，更是要继承发扬回商文化，并在此基础上融入现代元素，形成富有时代气息的新型回商文化。

3. 加强生态文化建设，培育生态文明观

回族是一个信仰伊斯兰教的民族，其生态伦理观，不仅体现在伊斯兰教的宗教信仰中，在其生产生活、禁忌和丧葬等文化习俗中有着更切实的体现。在回族新型聚居区建设的过程中，应加强生态文化建设，并培育回族新型聚居区内回族群众的生态文明观。这就必须把回族的生态伦理观与传统的农耕文化、生态旅游文化及绿色消费文化等生态文化相结合，弘扬人与自然和谐相处的核心价值观，使回族群众在具有良好社会生态的回族新型聚居区内，潜移默化地接受生态环境的影响，从而增强回族群众对生态文明的认识，提高回族新型聚居区社会生态环境的质量。通过清真寺的经堂教育及现代文化的教育途径，引导回族群众在珍视本民族优良传统生态伦理观的基础上，构建与社会经济发展、进步相协调一致的生态文化。

6.2 回族新型聚居区功能结构

6.2.1 以清真寺为中心的服务功能空间

1. 清真寺的中心结构模式

回族聚居区中的清真寺为中心的"中心型"结构模式之所以能成为支持功能的基本模式，主要是以下几方面的共同作用。

（1）中心的精神场所意义

"清真寺"，又称"礼拜寺"，是阿拉伯语"买斯吉德"（Masjid）的意译。"买斯吉德"，在阿拉伯语中属空间名词，意思是"叩拜之处"。买斯吉德一词又源于"斯吉德"（Sjid），意思是俯首叩拜，以表示对真主安拉无比的顺从和亲近。清真寺是为适应广大教民礼拜等宗教活动的需要而修建的宗教场所。在回族聚居区内，清真寺是满足回族群众社交、精神需求的场所，上寺是他们经常进行的宗教活动。清真寺礼拜大殿的门均向东开，礼拜的教民在大殿内朝西跪拜。清真寺是宗教活动的场所，回族民众的日常生活内容之一就是到清真寺进行礼拜活动，在其中与穆斯林群体共同礼拜真主，受到特别的鼓励和提倡。清真寺还是穆斯林社会活动中心，每个清真寺都将其周围的穆斯林自然地组织在一起，形成一个小型的宗教组织单位，即所谓的"教坊"。一座清真寺就是一个教坊，故清真寺的职能是多方面的。清真寺是穆斯林重要的宗教活动场所也是穆斯林的文化活动中心，它发挥着重要的传播文化功能。

（2）中心的经济意义

清真寺发挥着招待所的职能。清真寺不但要规范人们的行为，表现出它的严厉性，同时也关心人们，体现出它的慈善性。历史上，清真寺往往是云游者、乞讨者、逃难者、穷人的栖息之地和庇护所，这个传统由穆罕默德首创。麦地那先知清真寺的一角设有一个小屋，专供上述人留宿。后来，这个传统相沿至今。在宁夏沿黄城市带的回族聚居区中的清真寺往往还承担着商业的功能，在清真寺的周边、沿路或者辟出专门的空间进行商业活动。

（3）中心的路径意义

从本质上讲，中心是由供给的集中而形成的，通过集中的供给来有效地简化路径。回族聚居区中清真寺、商业、娱乐休闲的集中有效地简化了居民的路径。在规模较大的回族聚居区域，因教派的不同、回族人口结构的不同，清真寺往往呈散点式分布。清真寺之间的距离在某种程度上决定着回族聚居区、回族居民点分布的疏密度。

（4）中心的教育意义

清真寺是培养新一代宗教职业者的经堂，同时也是一个重要的教育机构。对于传承伊斯兰文化起着别的教育机构无法取代的作用。清真寺在其建立初期就有穆罕默德带领穆斯林礼拜，给他们传授《古兰经》和其他知识。清真寺兼施初、中、高三级教育。初级教育主要教授《古兰经》诵读、阿拉伯文、算术、绘画等基础知识。中级教育教学内容有教义教法学、古兰经注学、圣训学，还有语文、文学、历史、地理、数学、逻辑、物理、化学等。高级教育则有开罗的艾资哈尔大学，它是从艾资哈尔清真寺发展、演变而来的。清真寺是穆斯林儿童及某些幼而失学的成年人接受启蒙教育的学校。新中国成立前，不少清真寺设义学或义塾，招收一些无力延学的学童或幼而失学的成年人，对他们进行一些启蒙教育。

综上所述，清真寺的职能是多方面的，除供穆斯林聚众礼拜外，也是穆斯林民众交流聚会、庆祝节日、办理婚事、举行殡礼、排解纠纷、学习文化知识、进行体育锻炼等活动的场所。清真寺在聚居区中的存在和布局模式，是与回族聚居区民众的生活紧密联系的，对回族聚居区的空间布局结构有很大影响。从某种意义上讲，清真寺的存在和布局，影响着回族聚居区的聚合程度及其形态。在宁夏沿黄城市带的乡镇和村庄回族聚居区，清真寺是聚居区的中心，每个村都有清真寺，小规模的村有礼拜点。所以研究清真寺在回族聚居区中的"中心"服务功能具有现实意义。

2. 乡镇和村庄聚居区的功能演化

回族聚居区传统功能结构模式是由地缘、业缘、教缘和血缘关系相互交织作用于同一地域空间之上的四维一体的布局模式，这是传统回族新型聚居区空间结构模式需要考虑的关键，如图 6-2 所示。

（1）聚居区的基本功能

环境行为学认为，聚居区居民的生活活动空间是其"活动体系"的空间模式。"活动体系"是每日几段特定时间内经常重复的一系列活动（指人们正在从事某项事业的时候）。聚居区的生活结构基本上以居住为基本的"承载功能"，因为居住具有相对固定的空间特性。原回族聚居区均是以居住为主体，商业、管理、教育等为服务功能的聚居区。

在宁夏沿黄城市带回族新型聚居区功能布局中强调居住与就业的同步。即居住与就业同步发展，居住促进就业，就业反过来带动居住的聚集。在这两种力量的平衡中，聚

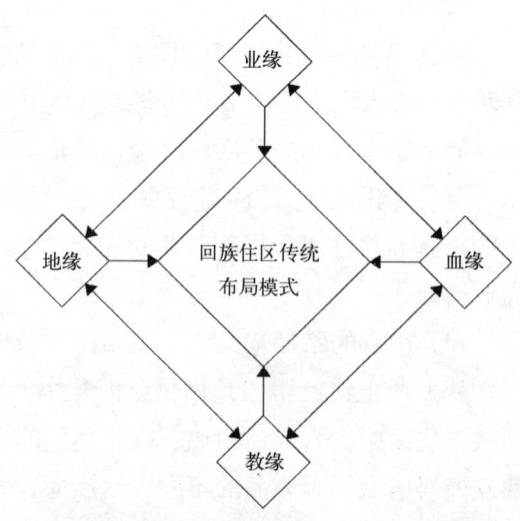

图 6-2　四维一体的传统回族聚居区布局模式

居区才能处于持续的健康发展之中。强调聚居区与产业园区及农业耕作区之间的半径要求，这是回族新型聚居区需要满足的。

在宁夏沿黄城市带回族新型聚居区的功能布局中重视聚居区"服务功能"的配套，即在原聚居区只强调居住的"承载功能"的基础上更加强调文化的传承、生活品质的提高、商业贸易及创新科技的应用。

传统回族聚居区居民过着传统的生活：耕作、礼拜。回族新型聚居区的居民由于生活、生产方式的转变，传统的耕作活动有所减少，产业活动、第二、三产业活动明显增多，休闲时间也明显增多。传统生产方式被改变，引发的生活方式改变，直接影响了居民的休闲娱乐需求。

（2）乡镇和村庄聚居区的异同

在宁夏沿黄城市带回族新型聚居区的乡镇和村庄回族聚居区的研究中，因为规模的不同，在现状的功能布局中存在着居住的"承载功能"和"服务功能"上的差异性。但在回族新型聚居区中，随着农村迁村并点工作和中心村的大规模建设，村庄回族聚居区的规模也在不断扩大。由于新理念导入，使得乡镇和村庄回族聚居区在功能上并无太大差异。回族聚居区的功能演化如图 6-3 所示。

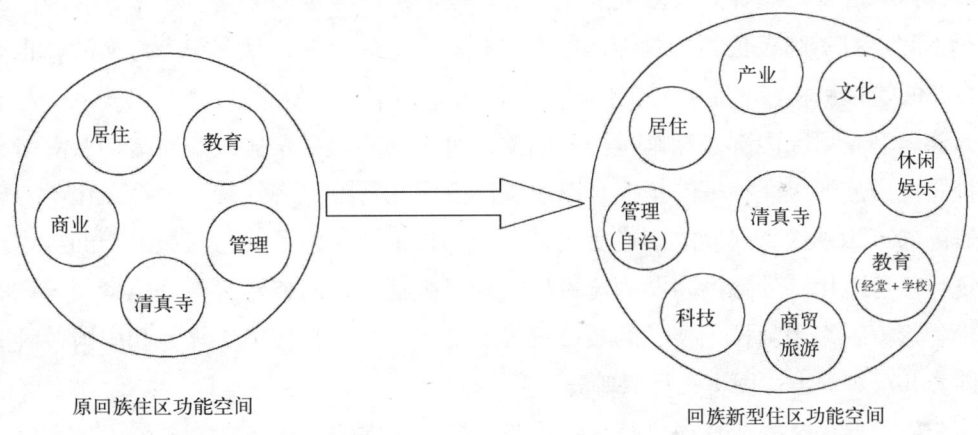

图 6-3　回族聚居区的功能演化

6.2.2　以意象为追求目标的景观空间

凯文·林奇对城市意象的研究改变了对城市空间分析的传统框架，城市的空间不再是反映在图纸上的物与物之间的关系，也不是现实当中的物质形态的关系，更不是建立在这些关系基础上的美学关系，而是人在其中的感受以及在对这些物质空间感知基础上的组合关系，即意象。因此，要认识城市的空间就必须建立空间的意义与空间的实体之间的联系，就需要回答为什么要产生这样一种形式，同时也需要清楚他们是如何感觉这样的形式。这就需要认识到使用者的意象，从这样的意义上讲，意象即是人们体验空间意义的来源，也是人们认识到的物质空间的意义。凯文·林奇提出了构成城市意象的五项基本要素，这是他从无数的调查中所得出来的，它们分别是：路径、边缘、地区、节点和地标。这五项要素可以帮助我们建构起对城市空间整体的认知，当这些要素相互交织、重叠，就为我们提供了城市空间的认知地图。认知地图是观察者在头脑中形成的城市意象的一种图面表现，并随人们对城市的认识的扩展、深化而扩大。行为者就是根据这样的认知地图对城市空间进行定位，并依此采取行动。

宁夏沿黄城市带回族新型聚居区的景观空间构建与凯文·林奇的五个要素是统一的。所谓路径就是回族聚居区内的道路布局，根据规模不同回族聚居区道路的等级体系和结构有所不同，但是都具有指向清真寺的便捷路径特征。

回族特有的生活方式正是回族民族风貌最好的展示，它所表达的是一种强烈的人与自然和谐共荣（天人合一）的生活方式，这种特征表现在回族明显的地域文化之中。回族聚居区一方面强调日常生活与自然环境的和谐共生，在自然背景下形成回族聚居形态。另一方面回族聚居区清真寺的周边是非常具有特色、特征的区域，根据聚居区规模不同而具有不同的特色。在村庄回族聚居区中，清真寺周边是聚居区内最具活力的区域，结合商业、休闲健身广场等的设置成为聚居区的中心。在乡镇回族聚居区中，聚居区的规模大小不同会有不同数量的清真寺，但一定有一个是最大的，具有纪念意义的，也有可能是乡镇的管理机构或者是乡镇的门户空间所在。

回族新型聚居区内部必然是特征鲜明的、可识别的。从聚居区空间结构上对清真寺的重视和对回族聚居区特征的把握，以及院落空间和特色住宅的统一，都强化了回族新型聚居区的可识别性。回族的形成历史，是一部外来阿拉伯民族与汉族融合的历史。回族建筑特征可以用"外融内隐"的建设原则加以概括。在回族建筑装饰中禁用一切的人形及动物形象，多用阿拉伯特色的装饰符号（文字、图画、装饰文样）和中国传统文化装饰符号（八宝等吉祥图案、楹联等）。

回族新型聚居区的清真寺已经确定成为了聚居区内的重要节点，成为了日常生活中必不可少的场所。在建筑内在布局及装饰中，充分尊重了《古兰经》中的规定。清真寺虽然外在形制不同，但其内在功能布局基本相同，包括了礼拜殿、邦克楼、沐浴间、办公室、经堂等。

关于村庄回族聚居区和乡镇回族聚居区的地标，也许很多人都会说，还是清真寺。对于村庄回族聚居区来说，具有特色的清真寺确实已成为毫无争议的地标。对于乡镇回族聚居区来说，也许会有个别政府管理机构的建筑成为地标，但是具有浓郁回族特征的乡镇来说（比如韦州），散布于镇区的东寺、西寺、南寺等也许更能成为人们心中的地标。通过图6-4的分析可以看出景观空间的五个要素均与清真寺有着密切的关系，充分显示了清真寺在回族新型聚居区景观空间的营造中的重要性。

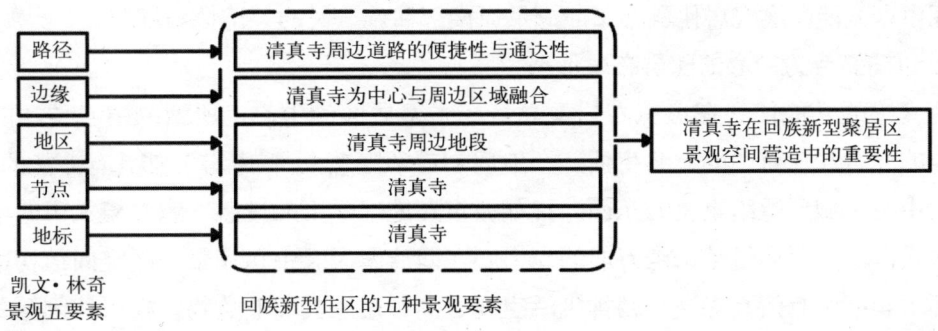

图 6-4　回族新型聚居区的景观要素

6.2.3　以清真寺为中心的公共空间

聚居区公共空间承载了聚居区内公共道路、广场等聚居区居民共同利用的空间。聚居区公共空间成为传承地方文化的场所，在其空间内进行的人文活动是聚居区最生动的活力体现，为聚居区居民提供了公共活动的场所，是居民交流的公共场所。它不仅是聚居区传统文化延续的载体，同时对形成良好的聚居区空间景观也具有积极作用。良好的聚居区公共空间具有以下作用：与住宅配合形成疏密有间的聚居区景观；协调每户与整个聚居区之间关系；创造融洽、舒适的人际交流空间；扩大聚居区居民活动范围，活化聚居区氛围；提高安全监督性，减少犯罪；减少安全投资，提高防震减灾安全性、降低建设成本。

宁夏沿黄城市带回族新型聚居区的空间布局模式是以清真寺为中心，综合考虑社会、经济、文化空间和回族聚居区功能空间、公共空间、景观空间、道路结构等因素的共同作用所形成的布局模式。

6.3　回族新型聚居区布局形态分析

6.3.1　居住融合

"混住"是指不同特性的居民在城市中的融合并居住在一起。基于社会和谐的理想，混合居住模式被认为是解决不同社会阶层隔离问题，促进不同阶层居民交往、缓解贫富分化的有效方法。在西方发达国家，混合居住始终只是社会学家、规划师、建筑师的梦想。尽管美国有 HUD 等社会组织在这方面做过很多尝试，而居住分异依然是社会分层的必然结果。

实施宁夏沿黄城市带区域发展战略，在"十二五"期间将南部 17 万回族生态移民迁往沿黄城市带区域，对宁夏自清朝末期以来形成的南北部居住空间进行第二次空间重构，对促进民族融合、民族团结具有积极作用。同时对宁夏沿黄城市带上的回族聚居区提出了新的要求，只有将原南部回族聚居区中的"回族特质"吸收采纳运用到回族新型聚居区中，才能既实现居住融合又能满足原南部回族居民的"记忆与期望"。

6.3.2 以清真寺为中心的圈层布局形态

清真寺的功能使之在形态布局上总是居于聚居区的中心，所谓的中心传达的是多种功能的混合和强有力的公共生活。在地理和哲学概念上，"中心"都具有万能的比喻，构图的中央区域预留给重要的东西。犹如城市在地理学上的核心—边缘模式中的中心—郊区模式，虽然简单但是却是万能的。中心在回族聚居区中指在聚居区空间结构中的公共生活中心，既有清真寺这一精神生活空间，同时还兼具商业购物、娱乐休闲等公共服务场所，如图 6-5 所示。

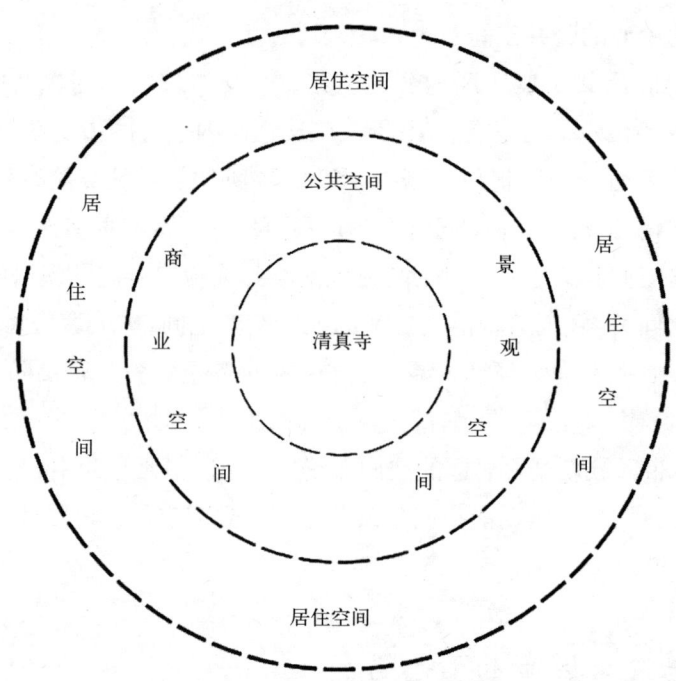

图 6-5 回族新型聚居区的中心模式

6.4 聚居区空间布局适宜性模式

建设宁夏沿黄城市带回族新型聚居区，应在回族聚居区空间布局特色的基础上，综合考虑用地节约、产业带动、生态适宜、安全防灾、文化传承、低碳环保等因素对住宅、清真寺、公共服务设施，农林用地、产业用地，道路等构成要素的影响，提出较合理的空间布局模式。

1. 模式

（1）乡镇回族聚居区

本章节以两种典型的乡镇回族聚居区，即团块状和线形为例，进行回族新型聚居区的适宜性模式探索。根据前文提出的回族新型聚居区适宜性布局模式单元，探索布局如下：

1）团块状乡镇回族聚居区（如图 6-6 所示）

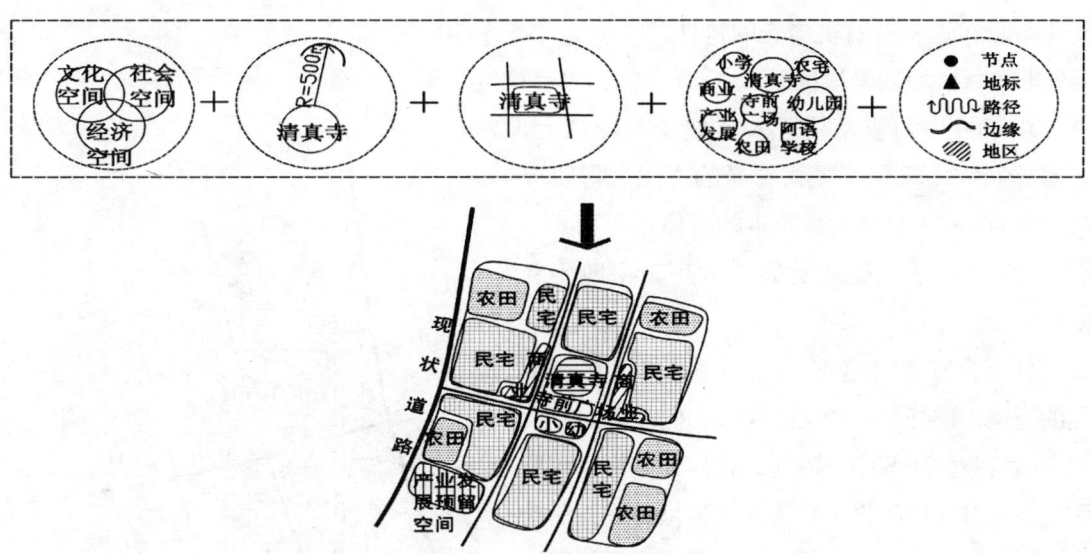

图 6-6　团块状乡镇回族聚居区模式示意图

2）线形回族聚居区（如图 6-7 所示）

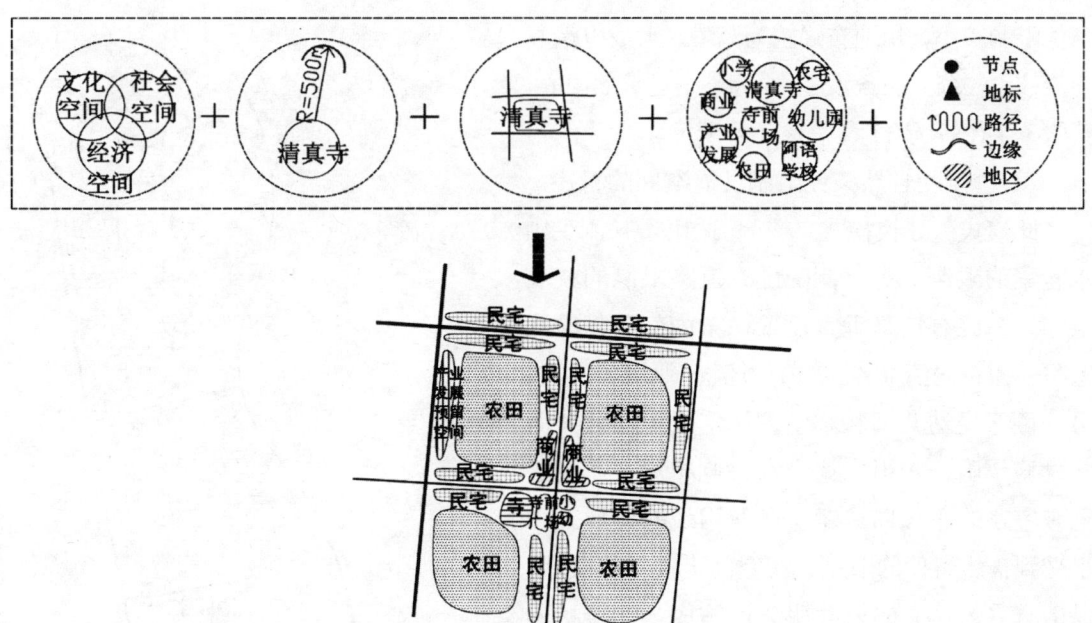

图 6-7　线型回族聚居区模式示意图

与传统回族聚居区的空间布局模式相比,以上两个建议模式由于受到社会、经济、文化空间营造的指导思想,公共服务均等化,清真寺的中心服务和景观要求以及路径的便捷,全面考虑产业、自然生态等要求的影响,住区的布局内容均较传统住区丰富,布局更合理,还具有有机增长的特性。

(2) 村庄回族聚居区

由于村庄回族聚居区人口规模差异较大,在具体研究中采用了模式单元的方法进行研究(采用 100～300 户为最基本的居住单元)。

1) 依托过境交通发展的村庄,用地不受限制

此模式(建议模式(一))适用于地势较平坦的区域,依托已有的交通干线,向纵深一侧发展,清真寺位于其中,寺前设置广场,便于人群和交通疏散,同时也可作为居民提供健身、活动的场所。在清真寺和广场周边设置商业服务设施用地、幼儿园和小学。住宅围绕在这些公共服务设施四周,而农田布置在村落的边界位置,在村落的下风向考虑一处发展农业设施、特色种植的用地,用以促进当地经济的发展。此模式受自然条件限制较小,用地布局较为紧凑,形成以清真寺为核心的公共服务设施,成为整个村落的中心,其服务半径较为合理,如图 6-8 所示。

2) 单侧受自然条件限制发展空间的村庄

此模式(建议模式(二))适用于一侧受山水元素的限制,另一侧受已有道路限制的狭长空间。与已有道路垂直设置一条内部路,沿此道路一侧布局清真寺、寺前广场、商业服务设施,另一侧布局幼儿园和小学。住宅围绕在公共服务设施周围,农田靠近山水一侧布局。在靠近已有道路的下风向,考虑产业用地的发展。由于受到自然条件的限制,在空间上成带状发展,以清真寺为核心的公共服务设施成为连接村落片区的重要节点。此模式的村落发展规模较小,不适宜大规模的村落发展需求,如图 6-9 所示。

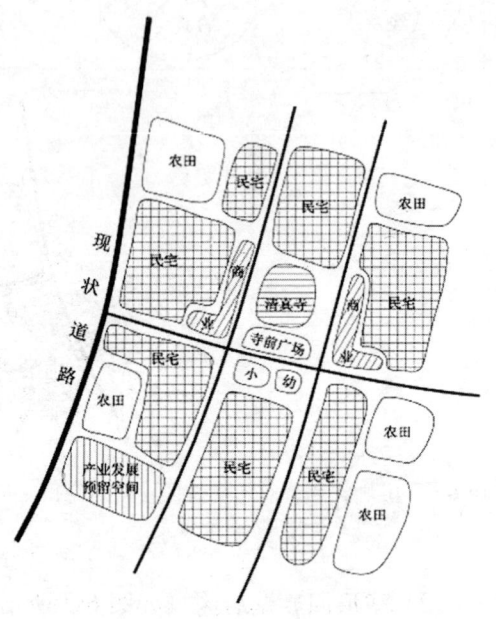

图 6-8 建议模式(一)示意图

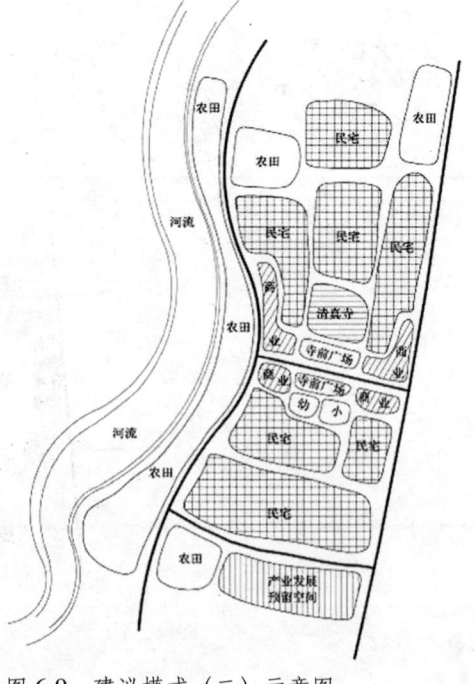

图 6-9 建议模式(二)示意图

3）狭长型村庄聚居区

此模式（建议模式（三））两侧受到自然山水元素的限制，内部被已有道路分割，现状建设条件较为复杂。依托现有道路，形成内部路网，清真寺布局在现有道路一侧，商业服务设施沿清真寺入口两侧布局，在清真寺周边考虑幼儿园和小学。依山就势，围绕着公共服务设施布局住宅，农田布置在两侧的山水周边，如图6-10所示。

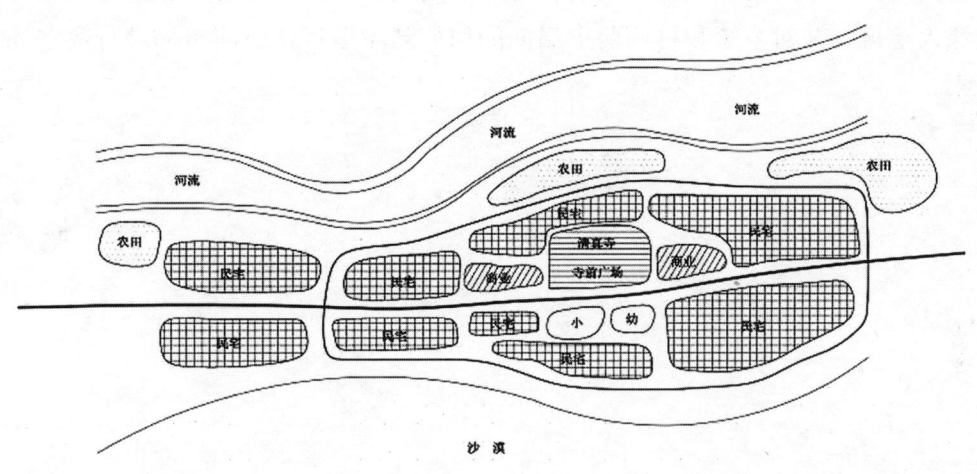

图6-10　建议模式（三）示意图

2. 规模指标建议

乡镇聚居区各类功能用地的比例构成建议表　　　　　　表6-1

住宅用地	道路用地	公共服务	绿化景观
25%～50%	8%～15%	10%～15%	8%～15%

村庄聚居区各类功能用地的比例构成建议表　　　　　　表6-2

住宅用地	道路用地	公共服务	绿化景观
40%～65%	8%～15%	10%～15%	8%～15%

通过对不同规模回族乡镇聚居区和村庄聚居区的各项功能用地的分析，得出不同功能用地的比例构成，期望能在未来回族新型聚居区的适宜性模式探索过程中不仅为定性的空间布局模式提供引导，还能在定量方面给予引导。

6.5 小结

本章首先从回族新型聚居区的社会、经济、文化方面入手，研究构建环境友好—社会参与为一体的社会空间、生活—生产—信仰为一体的经济空间、传承—有机更新为一体的文化空间的具体措施。其次，在聚居区层面，从服务功能空间、景观空间、公共空间三方面分别对回族新型聚居区的功能结构和以清真寺为中心的圈层布局形态进行深入挖掘，并对乡镇和村庄两个层面的回族新型聚居区空间布局进行适宜性模式的探索。

第七章　院落空间布局适宜性模式探索

7.1　院落功能结构

《黄帝宅经》中讲道：宅者，人之本。人因宅而立，宅因人而存。人宅相扶，感通天地。而"院落"又是我国住宅文化的精髓，一砖一瓦一方地，一花一木一片天。当我们想象阳光下悠闲围坐谈笑风生的人们，闲庭散步养花观鸟的人们，追逐嬉笑打闹玩耍的孩童们等这一幅幅温馨、和谐画面时不禁感叹，在高楼林立一梯多户的现代城市居住形式中已许久未能感受到这般惬意的情景，唯独院落能够带来这样极富魅力和浓浓生活气息的人文内涵与交往模式。在寸土寸金和人口高度聚集的城市，我们能够理解院落文化的消失，而在天地广阔的乡镇和村庄住区，我们依旧怀有对这样恬淡生活的向往和追求。

早些年，在人们开始改善居住生活条件时，大多只注重居住面积的增加，对居住环境的思考并不多。特别是对于乡镇和村庄的居民，能多盖一间房已经要倾注他们多年的积蓄，更无从考虑环境、文化氛围这些软性因素了。近年来，沿黄城市带发展战略的推进，为这一地区乡镇和村庄居民带来了更多的就业发展空间，居民的生活水平日益提高。而对于回族居民更是要借助沿黄城市带对于"回乡风情"特色的打造使得自身的民族性和宗教特性成为回族居民发展的有利动因。在物质生活水平不断提高的同时，回族居民也更加注重对于精神生活的追求。而院落作为承载日常生活的基本空间载体和居民活动最密切的区域，它所营造的空间环境氛围必然对于居住者的心理感知产生重大的影响。院落本身就是一个完整的世界，它可以完成个人生活的绝大部分，它体现着生活，也体现着情感及个人理想。新型的回族住区院落空间的形成不仅要能够集聚人气，通过科学合理的布局在相对集约的用地上实现空间凝聚力的增强，还能使居民乐于停留其中感受生活的情趣，更重要的是展示回族特有的民俗及生活风貌。

7.1.1　院落空间与室内外空间的关系

1. 院落与建筑内部空间的关系

中国传统庭院非常关注庭院与建筑内部的交流，常通过设置大尺度的门窗或檐廊来强化与庭院空间的联系，而且起居空间均要与院落空间形成直接的交流关系，即每一起居空间均由窗户与院落相通。这种手法在南方及用地规模大的情况下较容易实现，而对于宁夏这一西北寒冷地区来说，大尺度门窗无疑对于房屋的保暖极为不利，特别是在普通居民家中。在宁夏沿黄城市带的回族住区中很难见到大尺度的门窗或檐廊设计。此外，用地的限制也使得难以保证每一起居空间均能面向院落设置，但这并不表示院落空间与建筑内部空间的联系被割裂。在回族住区中院落的大部分空间被用作绿地来满足居民亲近自然的心理，而院落同样是回族居民除居住外，家庭内部休闲娱乐及其他生产生活的重要场所，是建筑内部空间功能的延续。而在两者的联系上，也尽量使主要的客厅、卧室空间通过相对合理规模的门窗设置与院落形成联系。对于储藏间及车库等辅助功能用房则不设置门窗直接通向院落，而是通过设置通道来加强与院落空间的联系，同时提供更加宽敞的活动空间。

2. 院落与外部空间的联系

回族是一个非常具有团结精神的民族，他们的聚居性不仅体现在自我家族的小聚居，更加体现在具有相同教义教派信仰的大范围团体的聚居上。在一个信仰相同的成熟的回族住区中，它可以形成一种强大的内聚力，好似整个住区属于同一个家族血脉一样。因此，在回族住区的院落内外空间中，并不是简单的通过院落划分出私密空间与开敞空间。常通过院墙上的花窗、漏窗、建筑山墙开窗及铁栅栏等半通透的设计来加强院落的开放性；但过于通透的地方，回族居民还会通过照壁来削减这种通透感，这也体现了回族居民开放与内敛兼具的性格。因此，回族住区的院落也成为了建筑与住区间的过渡空间和半私密空间。

7.1.2 院落的功能

1. 基本的生活空间

如果说建筑是院落物质空间中的重心，那么庭院则是院落空间的几何中心，院落生活则是围绕这个几何中心而展开的。家庭的私密事件在住宅建筑内部发生，而家庭的公共事件则几乎都可以在庭院中完成，衣食住行、种养生产这些基本生活需要在这一有限的空间内得到全部的满足。在心理上，住宅所占的分量不言而喻，但在视觉上，庭院则必然是家庭生活的景观中心。因此，院落空间既承载了家庭生活的物质要素，又是家庭生活的心理栖息地。

2. 共享的交往空间

杨·盖尔在《交往与空间》一书中充分阐释了空间对于人类之间交往的重要引导意义。在回族新型住区院落中，家庭成员共同精心打造一片园地、照料鸡鸭牛羊、收储粮食、沐浴阳光、谈天说地等，这些都是通过院落空间实现的。同时，接待亲朋好友、邻居也能够通过院落空间实现。

3. 独特的民俗内涵

回族具有独特的风俗习惯和人文内涵，院落空间是回族居民家庭体现其自身性格和对外宣告其民俗特色的第一空间。独特的审美心理和民族建筑特征均可以在院落中得到体现，院门的形状及颜色、整洁的院落、大片的绿地、建筑的外立面装饰等都能够体现回族居民对伊斯兰教的信仰和通过信仰所形成的干净整洁、崇尚自然花草的性格特征。因此，院落空间也承担着展示回族独特民俗内涵的功能，如图 7-1 所示。

7.1.3　院落的功能空间

1. 住宅空间

居住对于家庭规模通常较大的回族居民来说无疑是首要的问题。在回族新型住区的构建中，对于节地、节能、适居、宜居的要求，使得在院落中对于建筑特别是居住功能的要求更加严格，传统回族住区的粗放式建设模式已无法适应回族新型住区的建设要求。以往多单独设置的厨房、卫生间将通过统一的市政管网建设纳入主体建筑中与起居室一并考虑。这既方便了居民使用（特别在冬天寒冷季节），也使得现代的清洁能源得以有效推广，减少了居民生活成本，提升了生活质量。

此外，回族新型住区住宅空间的设计还受到用地规模及回族居民家庭生活方式和居住人口规模的影响。回族居民喜聚居，通常几代人共同生活。由对传统回族住区家庭的调查可知，回族居民的家庭结构通常为两代人的主干家庭和三代人的核心家庭。因此，回族新型住区院落的住宅空间需满足这一生活习俗，保证回族居民家庭结构的稳固，足够的起居空间是实现这一要求的重要途径。

生活空间

交往空间

民俗内涵

图 7-1　院落空间的功能

2. 生产空间

在回族新型住区的院落空间中，由于住区产业结构的调整，居民产业发展方式的转变，配套服务设施的完善及居民生活方式的改善，传统院落内大规模的养殖用地将逐渐减少，可根据自身家庭生活需要通过极小规模的养殖来满足家庭的基本消耗；考虑到村镇生活的传统，仍需保留一定的储藏空间作为粮食储存、工具堆放的空间；基于未来居民生活水平的提高，需考虑交通工具的停放需求，车库将成为回族新型住区院落空间必需的生产空间。

3. 庭院空间

庭院空间是回族新型住区院落空间中绿地、休闲、种养功能的场所，是体现回族居民对于审美心理和新型住区环境需求的重要空间，也是居民交往的重要场所。绿地既可种植观赏性花草树木，也可作为蔬菜果品种植园地，甚至可作为小型的鸡鸭养殖场地，功能用途弹性、灵活。而庭院空间通过铺装划分出的公共空间，既可作为内部交通组织通道也可作为公共活动交流场地，如图 7-2 所示。

住宅空间   生产空间   庭院空间

图 7-2 院落的功能空间

7.2 院落布局形态引导

7.2.1 院落布局形态界定因素

院落布局形态最基本的界定元素为墙和建筑，这是一种广义的界定方式。这两者只界定了院落的形状、大小，而基于回族居民聚居的生活习惯，其对于院落文化、环境、氛围等内涵特质的需求，使得院落的功能更加丰富并容纳了更多生活、心理感知内容。因此，在宁夏沿黄城市带回族住区院落的界定元素中，除了空间形体方面的基本元素外，还包括绿地、台阶、铺装等界定院落功能方面的辅助元素，两种元素的不同组合便形成了院落不同的布局形态，这些形态自然会影响到院落功能空间的组合。

7.2.2 院落形态界定元素的特征

在宁夏沿黄城市带回族新型住区的院落建构中，必须遵循新型住区建设的政策背景，以节约土地资源为前提，限定每户院落面积，而且还应适应回族居民的习俗，尊重他们的心理需求，在新型的院落中能够延续其传统居住空间的特点，营造一个熟悉、亲切的环境。因此，回族新型住区的这些基本要求使得各个界定元素具有明显的不同于中国传统院落空间界定元素的特征，如图 7-3 所示。

1. 建筑在院落形态建构中的主导地位

近几年来，宁夏在城镇化进程中对于村庄建设用地规模出台了相对严格、统一的标准，在建设之初即避免了土地资源的浪费；在回族新型住区的建设上也必须利用这一政策优势，实现节地的目标。因此，每户 4 分地的规模是回族新型住区应严格遵从的。

院落规模的限定也使得建筑如何在这一有限用地内实现其功能利用的最大化成为回族新型住区院落要解决的首要问题。在中国传统院落空间中，建筑常被作为墙的衍生，成为活跃院落内部空间的手段之一，因此才会出现如网师园所拥有的超尺度的窗户和大门。院落的领域性、秩序性均是通过墙来界定和实现的。而在对宁夏沿黄城市带回族住区六种院落形态的调研中发现，建筑均是院落形态的主体，也占据了院落中的绝大部分功能空间，同时也影响到了其他功能空间的组成。而在每户4分地的规模约束下，建筑的这种主导地位更加明显，不仅要实现居住功能的最大化还要满足庭院其他休闲生活。在六种传统院落形态中，一字形及L形建筑形态是最为节省空间，最适用于4分地用地规模限定的院落形态。

建筑主导

台阶界定

2.绿地、台阶等辅助元突出功能性分隔特质

由于回族居民家族等级观念较强，尊卑、伦理在回族居民的思想中早已潜移默化，渗透到了生活习惯中，以至于在住宅的建造上体现出这一特点。传统回族居民会将住宅的建造作为一生中最为重要的事。因此，他们都会在相应的能力容许情况下注重住宅的每一个细节设计，并将他们内心的信仰以及伦理道德观念融入居住空间的建

院墙掩体

图7-3　院落形态界定元素

设中。在许多传统的回族住区中，常能看到通过台阶的设置，或者设置下沉式的庭院来提升居住建筑的主导地位，分隔出他们心中划分的院落主次功能。而对于回族居民来说，对自然的崇拜和花草植物的喜爱使得绿地成为回族住区院落中必不可少的功能空间，这些辅助元素在平面空间甚至是垂直空间之间的分隔更加突出了不同院落形态中各个功能空间的组成结构。

3.墙是院落内外部空间的掩体

宁夏沿黄城市带区域地形地貌相对简单，多为平原地区，而对于院落规模的限定使得各个住区在整体的建设形态上并无过多的变化。对于节约资源的需要使得人们已无法如古代中国传统园林那般通过设置大面积的院落和纷繁复杂的空间来突显人们内心所神往的置身于世外桃源般的惬意和风花雪月的诗意情怀。因此，墙也逐渐演化成住区与院

落之间、院落内外部空间之间、开敞与私密空间之间的分隔、遮挡元素，或者成为某一方向上形成道路的工具。墙在院落中的作用逐渐弱化，其形态也更加简单，通常是方形或长方形的规则体，或在遇到外界空间的限制时会形成部分不规则形状。

7.3 院落空间布局适宜性模式

7.3.1 一字形院落布局

　　一字形院落布局为主体建筑与辅助建筑沿院落一边呈一字长方体空间布局形态。此形态的院落布局模式使得建筑与庭院空间呈平行布局，可获得良好及较宽视域的视线、景观空间，庭院也可延伸至院墙，能够获得较大的庭院空间，但根据居住人口与家庭规模的不同，所获得的庭院空间规模也相应的受到影响。假设同样长宽的四分地院落中，若满足两代人居住则可获得较大的庭院空间，而若满足三代人主干家庭居住且建筑为一层，则由于主体建筑功能空间的增多而具有较大的进深，因此，相应的庭院空间规模将减小。若将三代人联合家庭居住建筑设计为两层，则既能够满足功能要求也能够保证庭院空间不受挤占。这三种布局模式可根据住区规划设计需要进行选择和调整，如图 7-4 所示。

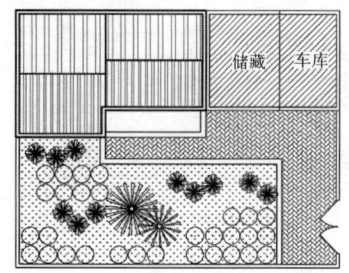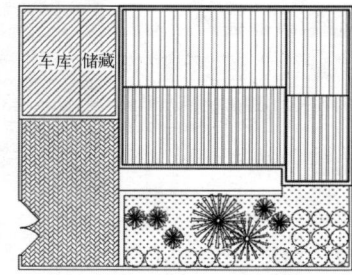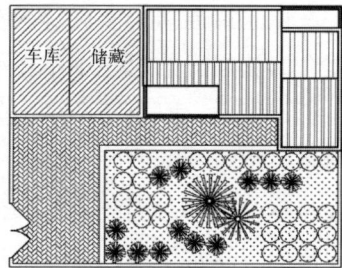

图 7-4　一字形院落

7.3.2 L 形院落布局

　　L 形院落布局为主体建筑与辅助建筑沿院落相邻两边呈 L 形转角布局形态。此形态的院落布局模式，使得建筑与庭院空间具有一定围合感，给人心理一种安全、亲切的感受。相比一字形来说，可获得更多的半私密空间，并且建筑面积总量相应增加，但相对于景观视线范围则相应缩小。庭院空间则处于院落居中位置，具有一定的中心集聚作用。L 形布局要获得良好的建筑造型且节约用地必然使得院落难以形成长方形的整体形状。因此在近似正方形院落中，若满足两代人或三代人主干家庭居住的建筑，单层即可满足其所需功能，若满足三代人联合家庭居住的建筑则需设计两层，但无论单层或双层建筑，其进深相对一致，因此，L 形院落布局在所获得的庭院空间上是一致的，如图 7-5 所示。

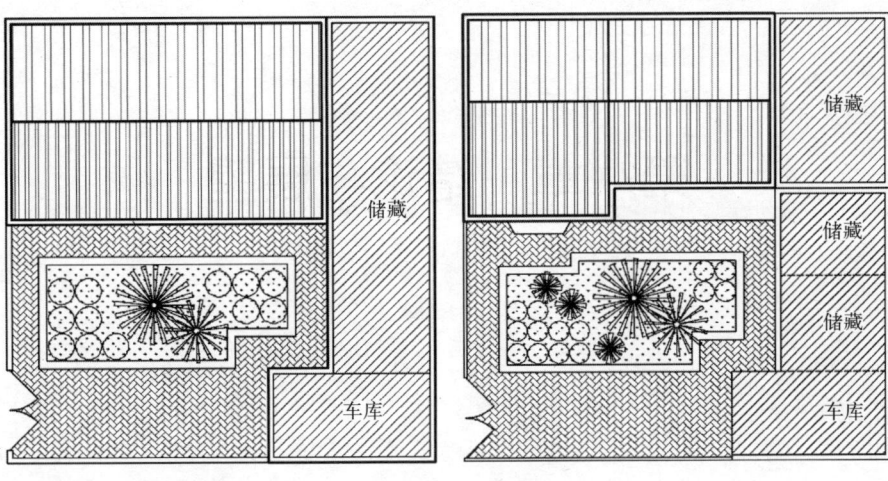

图 7-5　L 形院落

7.4　小结

　　本章主要研究院落空间布局的适宜性模式，从院落功能结构和空间入手，对布局形态进行探索，分析研究认为一字形和 L 形院落空间布局是较为经济和适用的院落布局形态。

第八章 结论与展望

8.1 结论

宁夏沿黄城市带回族新型住区空间布局适宜性研究是本书的核心研究问题。

当今，在世界经济浪潮汹涌澎湃和全球历史文化保护呼声高涨的时代背景下，中国的城镇化进程也正飞速前行。宁夏应抓住第二轮西部大开发难得的历史机遇，立足实际，结合开始于 2005 年的沿黄城市带发展战略，以积极发展的面貌示人。沿黄城市带发展战略是以区域中心城市银川为核心，带动周边城市、县域乡镇的同城化发展，区域统筹发展，实现产业集聚、设施完善、城镇发展、人口聚集，进而推进宁夏全区的科学、和谐、跨越发展。然而，快速城镇化所带来的文化冲突问题却在宁夏沿黄城市带传统回族住区中显露无遗，使这些在宁夏已有几百年历史,已经融入宁夏山川地域,独具民族特色的回族住区在高速运转的沿黄城市带发展建设过程中面临着严峻的考验。事实上，存在于该区域的回族住区作为一种特殊的住区实体，在其中居住的回族占有90% 以上，是以其独特的民族习俗、生活方式、审美取向及价值观念等决定的围寺而居的聚居形式；其因住区空间与沿黄城市带的相互促进发展而成为该区域和谐发展过程中不容忽视的重要组成部分。因此，本书不仅为宁夏沿黄城市带回族新型住区提供了空间布局适宜性模式，也为少数民族地区民族住区的可持续发展提供了非常重要的实证支持。

总结全书，以宁夏沿黄城市带回族新型住区为主要研究客体，深入探究回族自唐宋时期进入宁夏后在沿黄城市带区域的聚居、演变、发展的历程，功能结构和布局形态演化特征及当今沿黄城市带上典型回族住区的功能结构和布局形态特征。在此基础上，针对面向未来的回族新型住区的空间布局适宜性模式进行研究，主要形成以下结论：

1. 宁夏沿黄城市带回族传统住区的历史文化价值认识

宁夏是全国唯一的回族自治区。2010 年 11 月，第六次全国人口普查数据表明宁夏沿黄城市带上的 4 个地级市共有人口 507 万，其中回族 165 万。"回族风情"是宁夏的典型特色，散布在沿黄城市带的回族住区是"回族风情"的重要体现。回族传统的农牧业、手工业、商业的产业特色，宗教文化特色；"伊儒合璧"的回族哲学思想，经堂教育和学校教育相结合的教育特色，深受伊斯兰教义影响的社会伦理及生态伦理，特有的审美文化，这些都是在回族住区中得以传承、延续的宝贵遗产。回族特殊的人文景观、古朴的民族民间习俗都在回族住区里体现的淋漓尽致，构成了全国唯一的回族文化资源优势，也是宁夏不可多得的珍贵遗产。宁夏沿黄城市带上回族新型住区的研究、规划、建设、发展，不仅可以与宁夏沿黄城市带的区域发展战略相互促进，还对促进中国回族文化的研究，以及对于加强民族团结，增进民族间的相互了解，增强民族自信心、凝聚力都具有十分重要的意义。

2. 宁夏传统回族住区的空间形态历史变迁认识

宁夏回族住区的空间形态变迁过程是宁夏回族住区发展历程的缩影，是复杂的、连续的区域社会变化过程。其结构形态的变迁轨迹，不仅铭记着回族居民在宁夏的住居发展历程和社会空间的成长图景，而且折射出宁夏的乡镇和村庄社会经济的发展繁荣，是宁夏独特的人文景观和具有重要价值的历史活体。本书将宁夏回族住区的历史演变按时间大致分为两个阶段：一是历史阶段，其中又可分为元代和明代回族住区的初始形成阶段和清代回族住区的重构阶段；二是现当代回族住区的发展阶段。

唐宋时代是回族在宁夏形成并发展的起始萌芽时期。元明时期是回族住区在宁夏形成的关键时期。其中，元代是回族住区在宁夏的起步阶段。元代，来自西亚、中亚的军队是第一批有一定规模的回族人口。在宁夏屯军，大都聚居在自然条件好，土地肥沃的宁夏中北部，村落多选址在交通便利、易于农耕的川道河谷地带。由于聚居规模较小，基本呈现团块状布局形态，未形成较大规模的住区。他们学会了屯田种植。明代至清代中期是回族住区在宁夏发展的稳定阶段，北部自然基础条件好的地区回族聚居村落随着农业耕种收入的增加，人口迅速增加，聚居村落规模日渐增大，较大的回族住区开始出现。清真寺作为回族居民日常礼拜的固定场所而存在。宁夏南部开始形成连片集居区，由于自然条件限制，出现了很多台阶式多层结构的回族村落聚居形式，整体空间上则呈现出大规模的回族住区发展较缓而小规模的住区星罗棋布的空间分布格局。村落达到一定规模时，清真寺产生并且形成了围寺而居的回族住区布局雏形。清代后期宁夏回族住区的整体空间分布格局出现了重大转折。住区分布格局在空间上开始由较为分散的分布状态向集中的趋势演化。同时期，宁夏北部回族人口骤减，住区数量减少，住区发生了重组且空间分布上开始向分散演化。处于生存危机的回族，出于自身安全的考虑，不得不进一步积集聚而居，从而回族住区的空间结构呈现出进一步的聚居态势。由于政治原因，宁夏南部山区人口成倍增长，回族住区数量加大，形成了所谓的"三边两梢一山"分布格局。

新中国成立前，宁夏回族住区的空间分布总体呈现"大分散、小集中"的空间形态。形成人口及回族住区自南向北逐渐增多的趋势，呈现阶梯状空间布局形态。新中国成立后，特别是宁夏回族自治区成立之后，又可分为 3 个阶段。第一阶段是 1949～1981 年的无计划自然发展阶段，宁夏北部的回族住区数量和规模都在自然稳步发展，宁夏南部回族住区的数量和规模也在逐渐增多。第 2 阶段是 1982 ~ 2009 年的计划发展阶段，此阶段的特点是回族住区稳定发展，回族人口向中北部转移，回族人口分布渐趋合理。第 3 阶段是 2010 年之后的生态移民发展的新一轮重构阶段。从 2011 年开始，宁夏开始进入"十二五"发展时期，宁夏将对南部 7.88 万户共 34.6 万人实施移民搬迁，其中约 17 万人为回族。回族人口大量迁往中北部，将会造成宁夏回族住区的大规模空间重构。宁夏回族住区多沿交通干道分布生长，多沿某个自然体分布，如山体、河流，多分布在主要城市周围。目前在宁夏沿黄城市带已形成了组团状的回族住区分布形态。

3. 宁夏沿黄城市带回族聚居区的结构形态演化

从唐宋至新中国成立的历史时期，回族住区经历了雏形萌发、成形以及兴盛衰微的曲折过程，并在明清中叶形成了"围寺而居"的结构形态特征。这一形态特征既包含了回族传统文化与宁夏地域文化的衍生演绎，又是宁夏回族聚居区社会、经济和文化结构相互交织的空间投影。相对而言，在新中国成立后的宁夏回族聚居区进入平稳发展阶段，结构形态演化从显象的空间形态特征生成转向了更加复杂的内涵结构转型，整体表现出从封闭走向开放、从单一走向多元的发展趋势。回族聚居区空间结构形态，是回族聚居区地域结构、产业结构、经济要素及文化结构在空间上的表现形式，是众多居民在某一区域居住历史的积淀，反映出一定的聚居区文化、环境和经济态势，也能体现出住区居民的生活价值观和理念追求。回族聚居区一般顺应自然地形地貌，以团块状集中布局为主要发展态势。随着住区规模不断扩大，其内部一般以清真寺为中心，住宅建筑轴向或圈层状布置在清真寺周围，结合主要交通干道为发展方向。清真寺一直作为聚居区中心存在，随着聚居人口的增多和规模增大，会在原聚居区中心选址建设清真寺，也有可能在原聚居区边缘建清真寺。由于清真寺的空间变化导致回族聚居区形态的空间演化，清真寺与住宅间存在一种稳定的关联性。清真寺与周边公共活动空间结合良好，一般清真寺均位于交通便利、可达性好的位置，在寺内或者寺周边的空地作为聚居区公共活动、交流的场所，同时也是住区的标志景观节点。商业空间是回族聚居区非常重要的功能空间，有结合道路布局的商业街形式，也有与清真寺周边的公共场所结合设置的，充分体现了回族重商善商的习俗。清真寺还作为聚居区的景观节点存在，多位于聚居区主要出入口或者东南西北四个方向，一般较大的聚居区都有东寺、西寺、北寺、南寺等。回族聚居区的居住、商业一体布局，集聚度较高。从宗教信仰到自我保护，伊斯兰文化的影响对住区集聚程度的影响和某一区域回族聚居区的集聚都起到了推动作用。

4. 宁夏沿黄城市带回族住区的院落特征

宁夏沿黄城市带回族住区的院落是彰显回族文化习俗、营造现代生活方式、集约利用资源的重要载体。通过实地调研发现：由于宁夏地处西北地区，在采光、通风、保暖等方面有特别的需求，传统的院落主体建筑通常坐北朝南，院落布局主要分为一字形、二字形、L形、U字形、三合院及四合院等六种形式，院落面积、空间布局、涵盖功能以及建筑内部功能空间有所不同，院落面积及院门朝向也有所不一。研究发现，两代人家庭采用一字形布局模式较多，三代人居住的布局形式中L形较二字形的应用更为广泛也最为节地。U字形、三合院、四合院通常为高收入家庭所使用，适用范围较小且占地面积较大，不满足当代城镇化发展建设趋势和资源节约、有效利用原则。在满足主导空间和辅助空间布局功能需要的前提下，在占地面积较小的三类院落形式中，L形布局能够在保证相同建筑面积的前提下提供更丰富的功能空间布局，一字形次之。

5. 宁夏沿黄城市带回族新型住区引导框架的提出

基于对传统回族住区建造经验的总结和对当代回族住区建设成败的分析，同时充分考虑新型住区发展理念对回族传统住区产生的冲击影响，针对回族住区的功能和结构关系提出了宁夏沿黄城市带回族住区空间布局适宜性引导框架和发展理念。基于回族住居文化的继承性创新之路提出了回族新型住区引导框架。继承性创新就是在继承传统回族住居文化的基础上吸收接纳新的技术，实现与时俱进，积极面对未来的发展，实现记忆与期望的统一。这才是宁夏沿黄城市带回族住区未来发展的必由之路。提出宁夏沿黄城市带回族新型住区的发展目标应该是更加突出节约型、生态型、产业型、防灾型、文化型、低碳型等特征。提出了住宅—院落—村庄住区（片区）—乡镇四个层次的回族住区空间构成体系。确定了100～300户最基本的居住单元的村庄住区和2000人的乡镇回族住区规模。同时明晰了各层次的构成要素和构成方式。

6. 宁夏沿黄城市带回族新型住区空间布局适宜性模式的探索

首先从回族新型住区的社会、经济、文化方面入手，研究构建生活—生产—信仰为一体的经济空间、传承—有机更新为一体的新型住区文化空间、环境友好—社会参与为一体的社会空间的具体措施。其次，从功能空间、景观空间、公共空间角度对乡镇和村庄两个层面的回族新型住区空间进行空间布局适宜性模式的探索。再次，从功能和形态角度分析研究认为一字形和L形布局是较为经济和适用的院落布局形态，同时进行了建筑空间功能空间布局的引导探索。

8.2 创新点

本书研究的创新点主要体现在以下三方面：

（1）首次对宁夏回族住区的历史变迁和建造经验进行了总结，分析其适宜性，将传统回族住区中适宜传承的、经过改造可传承的、不宜继续发展的特征分类总结，为回族新型住区的构建打下历史传承的理论实践基础。

（2）尝试构建了宁夏沿黄城市带回族新型住区的引导框架。回族新型住区是具有用地节约、产业带动、生态适宜、安全防灾、文化传承、低碳环保等典型特征，并且其充分考虑区域的自然环境，社会经济条件，土地的生态价值，回族的生产方式、生活习俗，满足回族居民生活、行为特征模式，构建符合回族住区未来发展目标，具有有机增长特性的回族住区。

（3）探索以功能结构和布局形态为研究重点，从聚居区、院落二个层面深究其空间布局适宜性模式。在聚居区层面提出了以清真寺为中心的圈层状回族新型住区发展模式，既传承回族聚居区的传统精华，又满足当今回族群众生活的乡镇和村庄两种布局模式；在院落层面提出了一字形和 L 形布局模式，在住宅建筑单体层面提出了适宜于回族文化的建筑功能空间布局模式。

8.3　研究展望

宁夏沿黄城市带回族住区的形成与演变是人类文明进程的重要体现。在全国唯一的回族自治区，在沿黄城市带发展战略大规模推进的大发展时代，传统回族住区既是宝贵的少数民族文化遗产，又在势不可挡的城镇化进程中肩负着繁衍生息和发展经济的重大责任。本书立足于城乡规划领域，重点关注宁夏沿黄城市带这一快速城镇化区域内的回族住区的未来发展。从宁夏沿黄城市带的和谐、快速发展和少数民族文化遗产保护的角度探讨传统回族住区的功能结构和布局形态变迁及未来走向，这仅仅是宁夏沿黄城市带回族新型住区发展研究的开始。然而，住区的功能结构和布局形态是一个非常复杂的研究课题，对于独具地域和民族宗教特色的宁夏沿黄城市带回族住区而言更是如此，主导其发展演变的驱动因素和其中涉及的影响因素错综复杂。作者尝试通过分析影响宁夏沿黄城市带回族住区空间结构的驱动因素并对宁夏回族住区的历史变迁和当今回族住区进行了广泛的调查研究，期望总结出宁夏沿黄城市带回族住区的结构特征及演变规律，并以此为依据探索宁夏沿黄城市带回族新型住区发展的引导模式。本书就规划建设宁夏沿黄城市带回族住区而进行的构建回族新型住区空间布局适宜性的研究还仅仅处在起步阶段。根据宁夏回族住区发展演变规律特征和现状回族住区的调研特征构建的宁夏沿黄城市带回族新型住区引导框架及对回族新型住区空间布局适宜性模式的初步探索，这仅仅是为宁夏沿黄城市带的回族住区研究开启了一道门而已，还存在着很多不成熟、不恰当的地方，还需要今后更加深入的研究和完善。

随着沿黄城市带建设的大规模推进，急速发展的住区缺乏及时有效的指导，在建设过程中需保留回族传统特色，延续回族历史文化特色，规划建设回族新型住区，使其既成为回族历史文化的载体、文脉的延续，又能吸收采用现今先进的节能技术，真正满足回族群众的生活居住需要。而当前关于回族住区的研究主要集中在对回族社区文化、经济、宗教，制度、社区的变迁的研究，缺少城市规划、建筑学等偏重于回族住区规划布局、方法等的研究。因此，本书尝试从住区的空间布局适宜性研究入手，立足于规划、建筑学科，同时注重社会学、经济学、人类学等多学科来进行回族新型住区的引导框架及适宜性模式构建探索，实质上是民族地区民族住区规划研究的一个开端。作者认为在以下五个方面的研究还需要继续深化：

（1）在城镇化快速推进，宁夏沿黄城市带规划建设全面启动时，回族住区面临丧失回族特色的危机，亟需通过更多民族地区的民族住区案例的研究，来更加系统客观地认识宁夏沿黄城市带回族住区的个性特征与发展规律；对影响宁夏沿黄城市带回族住区的驱动因素研究不仅对回族住区具有意义，对宁夏、西北地域的住区研究也具有一定得借鉴价值，在这方面可进一步展开研究。

（2）从发现问题、解决问题的角度，本书主要立足于以现实问题为导向侧重于规划实施技术层面的空间布局适宜性模式，而对于住区规划过程中公众参与的介入方式、自下而上的居民自治培育和公共政策干预的制度建设等规划管理和实施保障层面的重要问题尚未深入展开，这些领域还具有相当大的拓展空间。

（3）本研究只是对宁夏沿黄城市带回族住区的一项初步研究，面对西部开发的良好机遇和宁夏沿黄城市带的大发展，尽快制定宁夏沿黄城市带回族新型住区规划编制导则。宁夏沿黄城市带回族新型住区评价指标体系的建设应是今后宁夏沿黄城市带回族新型住区规划建设的主要工作。

（4）本研究只是针对宁夏沿黄城市带回族住区的空间布局适宜性进行初步探讨，这些布局适宜性模式还有待于在实践中进一步深化，并进一步增强对其他回族聚居地区的适宜性。

（5）虽然村庄住区模式单元的探索已在实践中与宁夏建设厅村镇处进行了积极对接，并部分应用于宁夏石嘴山市平罗县的部分村庄回族住区的规划实践中，但是这还远远不够，在未来的研究中还有较大的实践空间。

在当前宁夏实施沿黄城市带大发展战略的关键时刻，作者深感宁夏沿黄城市带回族新型住区进行的研究之路任重而道远，为促进沿黄城市带的大发展和回族住区健康可持续发展，作者目前所做工作还远远不够。希望本书能起到抛砖引玉的作用，期望能有更多的专家、学者关注在实施沿黄城市带发展战略的快速大发展时期的宁夏回族住区的未来发展，共同创造民族团结、和谐的宁夏沿黄城市带回族新型住区。

参考文献

[1] Feliks Gross. The Civil and the Tribal State[M]. 北京：新华出版社，2003.

[2] 李晓玲. 农村回族住区绿色规划研究——以宁夏吴忠市利通区为例[J]. 安徽农业科学，2010，10（28）：16449-16451.

[3] 白友涛. 盘根草——城市现代化背景下的回族社区 [M]. 银川：宁夏人民出版社，2005.

[4] 王昀. 传统聚落结构中的空间概念 [M]. 北京：中国建筑工业出版社，2009.

[5] 全国城市规划执业制度管理委员会. 城市规划管理与法规 [M]. 北京：中国计划出版社，2011.

[6] 张彧. 可持续发展城市住区设计理论与方法研究 [D]. 博士学位论文. 东南大学，2004：36-37.

[7] 王平易，邵晓光. 居住环境 [M]. 西安：陕西科学技术出版社，1994：24-29.

[8] 任绍斌，吴明伟. 可持续城市空间的规划准则体系研究 [J]. 城市规划，2011，35（02）：49-55.

[9] 王平易. 深圳绿色居住社区研究——几个重要因素的定位 [D]. 博士学位论文. 南京林业大学，2002：42-44.

[10] 石永林，王要武. 建设可持续发展生态城市研究 [J]. 中国软科学，2003，（08）：122-126.

[11] 李兴山，赵理文. 环境与可持续发展：加拿大的经验与启示 [M]. 北京：中共中央党校出版社，2010.

[12] 周正楠. 太阳能技术在德国建筑中的应用 [J]. 世界建筑，2002，（12）：45.

[13] 祁斌. 日本可持续的建筑设计方法与实践 [J]. 世界建筑，1999，（02）：48-50.

[14] 徐一大，吴明伟. 从住区规划到社区规划 [J]. 城市规划汇刊，2002，14（4）：54-59.

[15] 董睿，李泽琛. 从住区到社区——开展具有中国特色的社区规划 [J]. 山东社会科学 .2004，105（5）：114-115.

[16] 王平易，邵晓光. 城市住区规划设计的新走向 [J]. 深圳大学学报（理工版），2002.19（2）：19-55.

[17] 谢静. 纽约新定位：突围曼哈顿 [N]. 国际金融报，2005-08-19（20）.

[18] 赵民，赵蔚. 社区发展规划——理论与实践 [M]. 北京：中国建筑工业出版社，2003.

[19] 杨德昭. 社区的革命世界新社区精品集萃 [M]. 天津：天津大学出版社，2007.

[20] 孙施文，邓永成. 开展具有中国特色的社区规划——以上海市为例 [J]. 城市规划汇刊，2001.136（06）：16-18.

[21] 赵蔚，赵民. 从居住区规划到社区规划 [J]. 城市规划汇刊，2002.142（6）：68-71.

[22] 姜劲松，林炳耀. 对我国城市社区规划建设理论、方法和制度的思考 [J]. 城市规划汇刊，2004.151（03）：57-59.

[23] 钱征寒，牛慧恩. 社区规划——理论、实践及其在我国的推广建议 [J]. 城市规划学刊，2007.170（4）：74-78.

[24] 许晓霞，柴彦威，颜亚宁. 郊区巨型社区的活动空间——基于北京市的调查 [J]. 城市发展研究，

2010.17（11）：41-49.

[25] 曹书乐．和谐居住社区规划对策研究 [D]．硕士学位论文．武汉理工大学，2010：67.

[26] 黄杉．城市生态社区规划理论与方法研究 [D]．博士学位论文．浙江大学，2010：56-60.

[27] 杨德昭．新社区与新城市——住宅小区消逝与新社区的崛起 [M]．北京：中国电力出版社，2006.

[28] 郭培宜．我国低碳住区的发展背景及对策 [J]．北京规划建设，2011.（02）：53-54.

[29] 潘海啸，汤锡，吴锦瑜等．中国"低碳城市"的空间规划策略 [J]．城市规划学刊，2008.（6）：57-63.

[30] 肖荣波，艾勇军，刘云亚等．欧洲城市低碳发展的节能规划与启示 [J]．现代城市规划，2009.（11）：27-31.

[31] 顾朝林，谭纵波，刘宛等．气候变化、碳排放与低碳城市规划研究进展 [J]．城市规划学刊，2009.（3）：38-45.

[32] 陈飞，褚大建．低碳城市研究的理论方法与上海实证分析 [J]．城市发展研究，2009.（10）：71-79.

[33] 廖昌启．以低碳出行为导向的出行特征与住区规划策略研究 [D]．硕士学位论文．哈尔滨工业大学，2010：29-50.

[34] 孟文强．低碳住区发展中若干问题的探讨 [J]．房地产开发.2011.（2）：70-71.

[35] 胡钫．山地住区形态多元化发展设计初探 [J]．小城镇建设，2004.（3）：6-8.

[36] 聂晓晴，李泽新，周亮．山地住区设计中的生态思维——以重庆住区设计为例 [J]．新建筑，2008.（05）：126-128.

[37] 张公忠．智能化社区网络系统与宽带平台 [J]．通信世界，2003.（16）：45.

[38] 林少培．智能居住小区的规划与设计 [M]．北京：中国电力出版社，2004.

[39] Alfonso Becerra. Cultural landscape conservation：The albayzin in Granada，Spain[D].Master's thesis. New York State University，1997：39.

[40] Alomar，Mohammed Abdulrahman. History，theory and belief：A conceptual study of the traditional Mosque in Islamic architecture[D]. Master's thesis.Penn State University，2000：54-56.

[41] Sliwoski，Amelia Helena.Islamic ideology and ritual：Architectural and spatial manifestations[D]. Master's thesis.New York State University，2007：48.

[42] Wright，Zachary Valentine.Embodied knowledge in West African Islam：Continuity and change in the gnostic community of Shaykh Ibrahim Niasse[D]. Master's thesis.Northwestern University，2010：49-56.

[43] Barnhardt，Sharon Marie.Essays on the impact of residential location on networks，attitudes and cooperation：Experimental evidence from India[D]. Master's thesis.Harvard University，2010：39-45.

[44] Dru C.Gladney. 中国的族群认同：一个穆斯林少数民族的缔造 [M]．广州：新世纪出版社，2006.

[45] Jonathan N.lipman. 熟悉的陌生人 [M]．广州：新世纪出版社，2008.

[46] 张庭伟．临夏回民的生活居住形态研究 [J]．新建筑，1984.（04）：50-55.

[47] 丁国勇．宁夏回族 [M]．银川：宁夏人民出版社，1993.

[48] 哈格．回族史及民族问题专家丁国勇 [J]．宁夏社会科学，1994.63（02）：95-96.

[49] 王烨．西安回民区居住环境及其更新初探 [D]．硕士学位论文．西安建筑科技大学，1997：49-69.

[50] 周尚意，朱立艾，王雯菲等．城市交通干线发展对少数民族社区演变的影响——以北京马甸回族

社区为例 [J]. 北京社会科学，2002.（04）：33-39.

[51] 席明波. 伊斯兰建筑文化对西安地区回民民居的影响 [D]. 硕士学位论文. 西安建筑科技大学，2003：49-70.

[52] 马寿荣. 都市回族社区的文化变迁——以昆明市顺城街回族社区为例 [J]. 回族研究，2003.52（04）：33-37.

[53] 汤夺先. 论城市少数民族的居住格局与民族关系——以兰州城市回族为例 [J]. 新疆大学学报（社会科学版），2004.32（03）：61-64.

[54] 陈珊. 西安穆斯林聚居区居住文化与生活环境保护研究 [D]. 硕士学位论文. 西安建筑科技大学，2005：48-60.

[55] 冯柯. 西安北院门回民聚居区生活环境现状的调查报告——以北院门 180 号为例 [C].2006 年中国近代建筑史国际研讨会，2006：38-40.

[56] 高占福. 大都市回族社区的历史变迁——北京牛街今昔谈 [J]. 回族研究，2007.66（02）：112-118.

[57] 张乃利，马耀峰. 入境旅游对我国民族社区居民影响研究——以西安回民街为例 [J]. 西北第二民族学院学报（哲学社会科学版），2008.（03）：13-18.

[58] 徐红罡，万小娟. 民族历史街区的保护和旅游发展——以西安回民街为例[J].北方民族大学学报(哲学社会科学版)，2009.（1）：42-46.

[59] 任云英. 无垣之"城"——近代西安回民社区结构探微 [J]. 西北民族研究 2010.（02）：35-38.

[60] 崔玲玲，谢堃. 西安回坊清真大寺建筑考察与研究 [R]. 成都：首届中国民族聚居区建筑文化遗产国际研讨会，2010：102-105.

[61] 黄嘉颖. 西安鼓楼回族聚居区结构形态变迁研究 [D]. 博士学位论文. 华南理工大学，2010：203-300.

[62] 李卫东. 宁夏回族建筑研究 [D]. 博士学位论文. 天津大学，2009：40-69.

[63] 马宗保. 人居空间与自然环境的和谐共生——西北少数民族聚落生态文化浅析 [J]. 黑龙江民族丛刊（双月刊），2009.97（04）：127-131.

[64] 李建璧. 纳家户回族传统民居保护与更新 [D]. 硕士学位论文. 宁夏大学，2010：38-50.

[65] 宁夏通志编纂委员会. 宁夏通志二十一民族宗教卷 [M]. 北京：方志出版社，2010.

[66] （美）曼纽·卡斯特著. 夏铸九，王志弘等译. 网络社会的崛起 [M]. 北京：社会科学出版社，2001.

[67] 陈忠祥等. 宁夏回族社区人地关系研究 [M]. 银川：宁夏人民出版社，2007.

[68] 杨文炯. 回族人口的分布及其城市化水平的比较研究——基于第五次人口普查资料 [J]. 回族研究，2006（4）：88-97.

[69] 唐燕，贺静，许景权."大混住，小聚居"城市居住空间结构设想 [J]. 房地科技，2003（1）：56.

[70] 良警宇. 牛街：一个城市回族社区的变迁 [M]. 北京：中央民族大学出版社，2006.

[71] 马平，赖存理. 中国穆斯林民居文化 [M]. 银川：宁夏人民出版社.1995：164-165.

[72] 岳邦瑞，李春静. 气候主导下的吐鲁番麻扎村绿洲乡土聚落营造模式研究 [J]. 西安建筑科技大学学报.2011.（43）：564-565.

[73] 燕宁娜，崔自治. 宁夏传统回族建筑地域特征分析 [J]. 宁夏工程技术.2008（7）：62-65.

[74] 荆其敏等. 中外传统民居 [M]. 天津：百花文艺出版社，2004.

[75] 崔功豪，魏清泉，刘科伟. 区域分析与区域规划 [M]. 北京：高等教育出版社，2008.

[76] 韩明谟等 . 中国社会与现代化 [M]. 北京：中国社会出版社，1988.

[77] 辞海（缩印本）[M]. 上海：上海辞书出版社，2002.

[78] 宋晔皓译，澳大利亚 Images 公司编 . T•R•哈姆扎和杨经文建筑师事务所 [M]. 北京：中国建筑工业出版社，2001.

[79] 韩飞 . 宁夏农村能源建设实践与探索 [M]. 银川：宁夏人民出版社，2006.

[80] 卡尔•亚斯贝斯 . 论历史的意义 [M]. 南宁：广西师范大学出版社，2002.

[81] 马平 . 多元融通的回族文化 [M]. 银川：宁夏人民出版社，2008.

[82] 杨立宾 . 回族生态伦理观与聚居区域的生态文明建设 [J]. 中共银川市委党校学报，2009（8）：56-60.

[83] 徐晓燕 . 社区与城市——城市社区支持功能的空间组织模式研究 [M]. 北京：中国建筑工业出版社，2011.

[84] 孙施文 . 现代城市规划理论 [M]. 北京：中国建筑工业出版社，2007.

[85] 龙宏 . 传统住居空间——"院落空间"探析 [J]. 重庆建筑大学学报，2004（6）：10-13.

[86] 严敏，吴永发 . 对住宅院落空间的人文解读 [J]. 建筑与规划，2006（2）：115-118.

[87] 林少培 . 智能居住小区的规划与设计 [M]. 北京：中国电力出版社，2004.

[88] 韦丽军，宋乃平 . 从环境看我国西北回族传统民居文化 [J]. 宁夏工程技术 .2007（6）：183-186.

[89] 李海霞，孟文俊 . 中国民居室内设计的格局研究 [J]. 科技资讯，2010（05）：249.

[90] 李鸣骥，石培基，马建生 . 西部回族集聚区城镇空间结构特征分析 [J]. 城市规划 .2000（24）：29-32.

[91] 陈喆，张健 . 传统民居空间划分的伦理内涵 [J]. 城市文化资本，2010（02）：24.

[92] 马燕 . 从民居建筑看西北回族的审美文化特征 [J]. 西北第二民族学院学报，2005（02）：54.

[93] 李晓玲，马潇源 . 回族新型居住区社会经济于文化发展途径探研——以宁夏沿黄城市带为例 [J]. 回族研究，2012（1）：129-133.

[94] 赵国军 . 论西北回族文化传承与社会发展 [J]. 宁夏社会科学，2009（06）：130-133.

[95] 钱坤，赵丽君 . 绿色节能墙板在农村住宅中的应用 [J]. 建筑节能，2010（09）：48-50.

[96] 燕宁娜 . 银川地区新农村住宅节能设计研究——以银川市西夏区华西村农民住宅为例 [J]. 安徽农业科学，2010（38）：1006-1008.

[97] 宋德轩，程光 . 绿色新农村住宅综合节能设计研究 [J]. 第六届国际绿色建筑与建筑节能大会论文集，2010：138-140.

[98] 王平易，邵晓光 . 城市住区规划设计的新走向 [J]. 深圳大学学报，2002.19（2）：19-55.

[99] 孙雅楠，吴志强，史舸 .《城乡规划法》框架下中国城市规划公众参与方式选择 [J]. 规划师，2008.8（24）：56-59.

[100] Pyrgiotis Y N. Urban Networking in Erope[J]. Ekstics, 1991, 50 (2)：350-351.

[101] Hubert N, van Lier. The role of land use planning in sustainable rural Systems[J]. Landscape and Urban Planning, 41 1998：83–91.

[102] M.J. Van der Vlist. Land use planning in the Netherlands：finding a balance between rural development and protection of the environment[J]. Landscape and Urban Planning, 41 1998：135–144.

[103] Samuel R. Staley. Sustainable development in American planning——A critical appraisal[J]. Landscape and Urban Planning, 2001：35–44.

[104]　Brian Stone, Jr. Urban Heat and Air Pollution[J]. journal of the American Planning Association, Winter 1005, Vol. 71, 23-45.

[105]　Chris Webster. Property rights, public space and urban design[J]. TPR, 78 (1) 2007：48-70.

[106]　Rachael Unsworth. "City living" and sustainable development：The experience of UK regional city[J]. TPR, 78 (6) 2007：34-50.

[107]　Iván Tosics. City-regions in Europe：The potentials and the realities[J]. TPR, 78 (6) 2007：49-70.

[108]　Cecilia Wong. Hui Qian and Kai Zhou, In search of regional planning in China The case of Jiangsu and the Yangtze Delta[J]. TPR, 79 (2–3) 2008：39-70.

[109]　Michael Hebbert. The three Ps of place making for climate change[J]. TPR, 80 (4–5) 2009：30-42.

[110]　Richard Yarwood. Perspectives on British Rural Planning Policy 1994-1997[J].The Geographical Journal, Jun 2001：167.

[111]　Leslie Brown.The Community in Canada：Rural and Urban[J]. the Canadian Review of Sociology and Anthropology, Nov 1997：34- 40.

[112]　Chambers, Robert E. Rural development planning：A time for change[J]. Economic Development Review, Spring 1996：14-20.

[113]　McBeth, Mark K. Using a survey in the rural planning process[J]. Economic Development Review, Spring 1993：11- 20.

[114]　Hubert N. van Lier. The role of land use planning in sustainable rural systems[J]. Landscape and Urban Planning, 41 (1998)：83-91.

[115]　Caldwell, Wayne J. Consideration of the environment：An approach for rural planning and development[J]. Journal of Soil and Water Conservation, Ankeny；Jul 1994. Vol. 49 , lss. 4：324.

[116]　Samuel R. Staley. Sustainable development in American planning[J]. Town Planning Review, 77 (1) 2006：310.

[117]　 Tiebout. C.M.A Pure Throry of Local Expenditure[J]. Journal of Political Economy, 64, 1956：30-49.

[118]　Morgan K. The learning region：institutions, innovation and regional renewal[J]. Regional Studies, 1997, 31 (5)：201-230.

[119]　Kunzman K R, Wegener M. The Attern of Urbanization in Western Europe [J]. Ekist ics, 1991,50 (2)：156-178.

[120]　Gottman J. Megalopolis, or the Urbanization of the Northeastern Seaboard[J]. Economic Geography, 1957, 33 (7)：31-40.

[121]　Gottman J. Megalopolis：the Urbanization of the Northeastern Seaboard of the United States M. Cambridge[M]. The M. I. T Press, 1961：39.

[122]　John Frideman. Urbanization, Planning and National Development[J]. London：Sage Publication, l973, 6-7.

[123]　John Frideman. The World City Hypothesis：Development &Change [J]. Urban Studies, 1986, 23(2)：59-137.